怪兽战神桌面壁纸

苹果可乐灯箱广告

怪物电脑桌面壁纸

美容产品灯箱广告

汽车杂志广告

建筑公司宣传单页

房地产宣传单页正面

房地产宣传单页反面

广告公司企业形象海报

电影光盘封套的封面

楼盘的报纸广告

摄影机构手提袋

商场POP吊旗广告

酒店开业报纸广告

酒业公司台历封面

汽车4S店报纸广告

楼盘的户外广告牌

葡萄酒宣传折页

火锅店宣传折页

商场开业报纸广告

瑜伽会所优惠卡

MOVE公司户外广告

企业宣传册封面

高等职业教育教学改革"十二五"规划教材

中文版 Photoshop CS5

工作过程导向标准教程

崔树娟　朱仁成　编著

西安电子科技大学出版社

内 容 简 介

本书根据高职高专计算机应用课程的教学要求，按照"工作过程导向"的教学模式，以"项目与任务驱动"为主线进行编写，真正体现了"学中做，做中学"的教学思想。

全书共分 13 章，各章结构均以项目实施为主线，以软件知识为辅线。书中案例包括屏保设计、户外灯箱、杂志广告、房地产宣传页、光盘封套、报纸广告、海报、POP 吊旗、台历、折页等，所有设计案例均模拟真实环境，非常适合项目教学。而在软件的知识结构方面，则由浅入深地介绍了 Photoshop 的各种工具、命令、路径、图层、色彩调整、通道、滤镜的使用方法。

本书理论与实训相结合，操作步骤清晰，内容深入浅出，可作为高职高专计算机专业的教材，也可作为图形图像制作和平面设计人员的培训教程及参考资料。

图书在版编目(CIP)数据

中文版 Photoshop CS5 工作过程导向标准教程/崔树娟，朱仁成编著.
—西安：西安电子科技大学出版社，2013.1
高等职业教育教学改革"十二五"规划教材
ISBN 978-7-5606-2833-2

Ⅰ. ① P…　Ⅱ. ① 崔…　② 朱…　Ⅲ. ① 图像处理软件—高等职业教育—教材　Ⅳ. ① TP391.41

中国版本图书馆 CIP 数据核字(2012)第 130331 号

策　　划　毛红兵
责任编辑　孟秋黎　毛红兵
出版发行　西安电子科技大学出版社(西安市太白南路 2 号)
电　　话　(029)88242885　88201467　　　邮　　编　710071
网　　址　www.xduph.com　　　　　　电子邮箱　xdupfxb001@163.com
经　　销　新华书店
印刷单位　陕西华沐印刷科技有限责任公司
版　　次　2013 年 1 月第 1 版　　　2013 年 1 月第 1 次印刷
开　　本　787 毫米×1092 毫米　1/16　印　张　21.5　彩页 2
字　　数　511 千字
印　　数　1～3000 册
定　　价　40.00 元(含光盘)

ISBN 978-7-5606-2833-2/TP · 1348
XDUP　3125001-1
如有印装问题可调换

前　言

高职教育正处于改革的重要阶段，如何使课程建设与职业需要有效地接轨，这是我国高职教育改革的一项重点。近几年特别强调高职教育要工学结合，这样，传统的学科型课程教材已经不适合高职教学的需要，因为职业教育有别于高等教育，其更加注重技能的培养，而学科型教材的理论性、逻辑性比较强，实践内容相对较少。所以，我们针对目前高职教学的特色、就业市场的需要，编写了艺术设计专业的"工作过程导向"系列教材。

在编写过程中，完全按照教育部高等职业教育课程改革的指导思想，以"工作过程导向"为基础，以"项目或任务驱动"为实施方案，通过"做中学、学中做"及时归纳、拓展相关知识，力求形成一套真正实用、好用的精品教材。

Photoshop 是目前应用最广泛的图像设计软件，无论是封面设计还是数码照片后期设计，无论是广告公司还是印刷厂，都需要使用 Photoshop 软件对图像进行处理或设计，所以它是平面设计师必须掌握的一个工具。本书围绕 Photoshop CS5 的实际应用介绍了 13 个教学项目，其中包括电脑桌面壁纸、杂志广告、报纸广告、单页、折页、海报、POP 吊旗、户外广告、证卡、台历封面等常见的平面设计形式，力求通过项目教学使学生理解与掌握 Photoshop 的知识。

一、本书特点

(1) 教学项目的针对性，包含完成职业岗位实际工作任务所需的知识、能力要求等内容；

(2) 教学项目的完整性，包含完整的工作过程、特定的学习内容，具有较强的操作性；

(3) 教学项目的典型性，选用与企业实际生产过程或商业活动有直接关系的典型项目(工作或任务)，项目具有一定的应用价值；

(4) 教学项目的适用性，所有项目的难度、规模适中，适合于教学，可以让学生在完成工作任务的过程中学到相应的知识，解决工作中的实际问题；

(5) 教学项目的可测性，除教学项目外，还提供了实训项目，由学生自主完成，可让师生共同评价项目工作成果。

二、特别说明

(1) 教学项目中涉及的公司名称、商标、品牌、电话等均是为满足教学需要而虚拟的，如有与实际产品雷同，纯属巧合。

(2) 部分教学项目的分辨率设置为 150 ppi，完全是为了满足教学需要而设置，并非实际分辨率，提醒读者学习时注意。

(3) 项目实训由学生自己完成。

三、教学建议

本书的教学参考课时为 56 课时，其中项目讲授与实训占 52 课时，每个项目占 4 课时，包括讲授与实训时间。另外设置机动课时 4 课时，用于根据实际情况讲解一些必要的知识，丰富教学内容。本书所有项目的内容及教学建议如下：

项目	项目内容	建议课时	授课类型
01	设计制作一张桌面壁纸	4	讲授 + 实训
02	设计制作灯箱广告	4	讲授 + 实训
03	设计制作汽车杂志广告	4	讲授 + 实训
04	设计制作地产宣传单页	4	讲授 + 实训
05	设计制作电影光盘封套	4	讲授 + 实训
06	设计制作企业形象海报	4	讲授 + 实训
07	设计制作酒店报纸广告	4	讲授 + 实训
08	设计制作 POP 吊旗广告	4	讲授 + 实训
09	设计制作摄影机构手提袋	4	讲授 + 实训
10	设计制作酒业公司台历封面	4	讲授 + 实训
11	设计制作葡萄酒宣传折页	4	讲授 + 实训
12	设计制作瑜伽会所优惠卡	4	讲授 + 实训
13	设计制作 MOVE 户外广告	4	讲授 + 实训

本书由崔树娟、朱仁成编著，参加编写的还有梁东伟、孙爱芳、于岁、朱艺、朱海燕、孙为钊、葛秀玲、谭桂爱、姜迎美、于进训等。由于编者水平有限，书中难免有不妥之处，欢迎广大读者朋友批评指正。

作　者

2012 年 3 月

目　录

项目 01　设计制作一张桌面壁纸.................1

1.1　项目说明.................2

1.2　项目分析.................2

1.3　项目实施.................2

　　任务一　创建一个新文件.................2

　　任务二　处理猩猩头像.................3

　　任务三　拼接狼眼与熊嘴.................5

　　任务四　拼接王冠与鼻环.................8

　　任务五　合成壁纸.................10

1.4　知识延伸.................13

　　知识点一　Photoshop 应用概述.................13

　　知识点二　Photoshop 工作界面.................15

　　知识点三　新建与打开文件.................16

　　知识点四　图像的缩放显示.................19

　　知识点五　选择的基本操作.................19

　　知识点六　橡皮擦工具.................22

　　知识点七　移动工具.................23

　　知识点八　图层基础.................24

　　知识点九　图像的变换.................26

1.5　项目实训.................28

项目 02　设计制作灯箱广告.................29

2.1　项目说明.................30

2.2　项目分析.................30

2.3　项目实施.................30

　　任务一　人物的美白.................30

　　任务二　制作灯箱的背景.................34

　　任务三　合成灯箱画面.................37

2.4　知识延伸.................41

　　知识点一　关于写真知识.................41

　　知识点二　修复工具的使用.................42

　　知识点三　渐变色的运用.................44

　　知识点四　画笔工具的使用.................47

　　知识点五　海绵工具的使用.................52

　　知识点六　选区的变换.................53

2.5　项目实训.................53

项目 03　设计制作汽车杂志广告.................55

3.1　项目说明.................56

3.2　项目分析.................56

3.3　项目实施.................56

　　任务一　创建新文件.................56

　　任务二　制作广告背景.................58

　　任务三　合并汽车.................59

　　任务四　绘制道路.................62

　　任务五　绘制五线谱与箭头.................66

　　任务六　最后的综合处理.................69

3.4　知识延伸.................72

　　知识点一　杂志广告.................72

　　知识点二　什么是出血.................73

　　知识点三　参考线的设置.................73

　　知识点四　关于路径.................74

　　知识点五　路径的创建.................75

　　知识点六　路径的编辑.................77

　　知识点七　【路径】面板.................80

　　知识点八　形状工具组.................83

3.5　项目实训.................85

项目 04　设计制作地产宣传单页.................87

4.1　项目说明.................88

4.2　项目分析.................88

4.3　项目实施.................88

　　任务一　绘制地图.................89

　　任务二　制作单页画面.................93

　　任务三　添加文字信息.................98

4.4　知识延伸.................105

　　知识点一　单页的设计.................105

　　知识点二　置入文件.................105

　　知识点三　图层的类型.................107

　　知识点四　合并图层.................110

I

知识点五　文字的输入 111
知识点六　设置文字的格式 112
知识点七　文字的变形 115
知识点八　路径文字 116
4.5　项目实训 118

项目 05　设计制作电影光盘封套 119
5.1　项目说明 120
5.2　项目分析 120
5.3　项目实施 120
任务一　背景的处理 120
任务二　制作特效文字 123
任务三　为特效文字添加火焰 127
任务四　添加文字信息 130
任务五　处理图形元素 133
5.4　知识延伸 137
知识点一　图层的基本属性 137
知识点二　图层的混合模式 139
知识点三　图像的旋转 142
知识点四　涂抹工具的使用 143
知识点五　图层蒙版 144
5.5　项目实训 146

项目 06　设计制作企业形象海报 147
6.1　项目说明 148
6.2　项目分析 148
6.3　项目实施 148
任务一　设计背景 148
任务二　处理魔方 152
任务三　布局版面元素 155
任务四　添加文字信息 157
6.4　知识延伸 160
知识点一　大度与正度 160
知识点二　关于海报 160
知识点三　图层组 162
知识点四　图层样式 163
知识点五　应用预设样式 169
6.5　项目实训 169

项目 07　设计制作酒店报纸广告 171
7.1　项目说明 172
7.2　项目分析 172
7.3　项目实施 172
任务一　背景的基本处理 172
任务二　处理图形元素 175
任务三　处理文字信息 181
任务四　绘制指示地图 183
7.4　知识延伸 186
知识点一　报纸广告 186
知识点二　快速蒙版的使用 187
知识点三　剪贴蒙版 189
知识点四　进一步了解图层蒙版 190
7.5　项目实训 191

项目 08　设计制作 POP 吊旗广告 193
8.1　项目说明 194
8.2　项目分析 194
8.3　项目实施 194
任务一　处理吊旗背景 194
任务二　利用通道抠取人物 198
任务三　完成吊旗的设计 200
8.4　知识延伸 205
知识点一　POP 常识 205
知识点二　关于 RGB 与 CMYK 模式 206
知识点三　认识通道 207
知识点四　通道的基本操作 209
知识点五　Alpha 通道与选区 212
知识点六　应用图像 213
8.5　项目实训 214

项目 09　设计制作摄影机构手提袋 215
9.1　项目说明 216
9.2　项目分析 216
9.3　项目实施 216
任务一　创建一个新文件 216
任务二　使用【动作】面板调整图片 218
任务三　图片排列 222
任务四　添加文字并完成设计 227

9.4　知识延伸................................229

　　知识点一　手提袋的相关知识................229

　　知识点二　画布大小与图像大小................229

　　知识点三　动作与【动作】面板................230

　　知识点四　关于动作的操作................232

　　知识点五　批处理................234

　　知识点六　图层的分布与对齐................235

9.5　项目实训................238

项目10　设计制作酒业公司台历封面................239

10.1　项目说明................240

10.2　项目分析................240

10.3　项目实施................240

　　任务一　合成背景................240

　　任务二　制作树丛与水面................244

　　任务三　添加酒品与装饰................251

10.4　知识延伸................253

　　知识点一　台历与挂历................253

　　知识点二　颜色知识................253

　　知识点三　关于色彩调整................255

　　知识点四　【调整】面板的使用................256

　　知识点五　【色阶】命令................257

　　知识点六　【曲线】命令................259

　　知识点七　认识直方图................262

10.5　项目实训................263

项目11　设计制作葡萄酒宣传折页................265

11.1　项目说明................266

11.2　项目分析................266

11.3　项目实施................266

　　任务一　处理背景图像................267

　　任务二　编辑图形元素................271

　　任务三　文字调整................275

11.4　知识延伸................277

　　知识点一　折页的相关知识................277

　　知识点二　色相/饱和度................279

知识点三　色彩平衡................282

知识点四　可选颜色................284

知识点五　亮度/对比度................285

知识点六　其他调整命令................286

11.5　项目实训................288

项目12　设计制作瑜伽会所优惠卡................289

12.1　项目说明................290

12.2　项目分析................290

12.3　项目实施................290

　　任务一　创建文件并设置背景................290

　　任务二　花朵的绘制................292

　　任务三　礼花和星星的制作................298

　　任务四　调整图像和文字................302

12.4　知识延伸................304

　　知识点一　证卡的相关常识................304

　　知识点二　滤镜的基本知识................306

　　知识点三　【风】滤镜................309

　　知识点四　【高斯模糊】滤镜................310

　　知识点五　【极坐标】滤镜................311

　　知识点六　变形操作................312

12.5　项目实训................314

项目13　设计制作MOVE户外广告................315

13.1　项目说明................316

13.2　项目分析................316

13.3　项目实施................316

　　任务一　背景的处理................317

　　任务二　处理图形元素................322

　　任务三　文字的调整................325

13.4　知识延伸................329

　　知识点一　【波浪】滤镜................329

　　知识点二　【龟裂缝】滤镜................330

　　知识点三　【晶格化】滤镜................331

　　知识点四　【绘画涂抹】滤镜................331

　　知识点五　其他常用滤镜................332

13.5　项目实训................336

中文版 Photoshop CS5 工作过程导向标准教程……………………………………………………………………

设计制作一张桌面壁纸

1.1 项目说明

某游戏公司要求设计一张电脑桌面壁纸。为了突出公司的行业特点，我们使用 Photoshop 合成了一幅怪兽形象，这也是该公司最新款游戏"怪兽战神"的主人公。

1.2 项目分析

网络游戏"怪兽战神"的突出特点是神秘、魔幻、惊险，所以在设计壁纸时以蓝黑色为主调，同时突出怪兽的惊恐表情。在设计制作壁纸时，要注意以下几个问题：

第一，正确地设置壁纸的尺寸与分辨率。显示器的分辨率一般为 72 ppi，壁纸的尺寸一般应与显示器的屏幕分辨率相同，通常为(1024×768)像素、(1280×800)像素、(1280×1024)像素等。

第二，由于桌面壁纸就是用于显示器背景的图片，不需要印刷，所以作品颜色宜采用 RGB 模式。

第三，由于电脑桌面的左侧用于摆放各种各样的程序图标，所以，设计桌面壁纸时，左半部分不宜太凌乱。

1.3 项目实施

下面根据项目分析来完成项目的制作。在制作过程中，主要运用了 Photoshop 合成技术，包括抠图、拼接、调色、缩放等操作，参考效果如图 1-1 所示。

图 1-1　怪兽壁纸参考效果

任务一　创建一个新文件

(1) 启动 Photoshop 软件。

(2) 单击菜单栏中的【文件】/【新建】命令(或者按下 Ctrl+N 键)，在弹出的【新建】对话框中设置【名称】为"怪兽"，【宽度】和【高度】分别设置为 1280 像素和 800 像素，【分辨率】设置为 72 像素/英寸，如图 1-2 所示。

图 1-2   【新建】对话框

(3) 单击 [确定] 按钮，创建一个新文件。

指点迷津

　　创建新文件是实施项目的第一步，这一步主要是根据项目要求合理地设置文件参数，包括尺寸、分辨率、出血线的设置。由于本项目是电脑桌面的壁纸设计，不涉及印刷问题，并且采用宽屏显示器为例，所以分辨率为 72 像素/英寸，尺寸为 1280 像素×800 像素。

任务二　处理猩猩头像

　　(1) 单击菜单栏中的【文件】/【打开】命令，在弹出的【打开】对话框中选择本书光盘"项目 01"文件夹中的"猩猩.jpg"文件，如图 1-3 所示。

图 1-3   【打开】对话框

(2) 单击 打开(0) 按钮将其打开。

(3) 选择工具箱中的魔棒工具 ，在工具选项栏中设置参数如图 1-4 所示。

图 1-4　魔棒工具选项栏

(4) 在画面左侧的空白处单击鼠标，则出现如图 1-5 所示的选区。再按住键盘上的 Shift 键，在画面右侧的空白处单击鼠标，则选择了整个白色背景，如图 1-6 所示。

图 1-5　建立的选区　　　　　　　　　　　图 1-6　选择整个白色背景

(5) 单击菜单栏中的【选择】/【反向】命令(或者按下 Shift+Ctrl+I 键)，将选区反向，这时选择了猩猩图像，如图 1-7 所示。

(6) 单击菜单栏中的【编辑】/【拷贝】命令(或者按下 Ctrl+C 键)，将选区内的图像复制到 Windows 剪贴板中。

(7) 单击工作区上方的"怪兽.psd"标签，切换到刚才创建的"怪兽.psd"图像窗口中，单击菜单栏中的【编辑】/【粘贴】命令，将复制的猩猩头像粘贴到当前窗口中，位置如图 1-8 所示。

图 1-7　选择猩猩图像　　　　　　　　　　图 1-8　复制粘贴的图像

指点迷津

在 Photoshop CS5 中，图像窗口以标签的形式出现，这使得窗口之间的切换比较方便，直接单击要激活的图像窗口标签即可。其实，从 Photoshop CS4 开始就已经采用了这种窗口形式。

(8) 单击菜单栏中的【图像】/【调整】/【色相/饱和度】命令(或者按下 Ctrl+U 键)，在弹出的【色相/饱和度】对话框中设置【色相】值为 80，如图 1-9 所示。

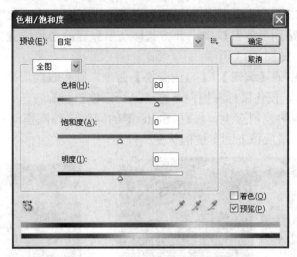

图 1-9   【色相/饱和度】对话框

(9) 单击 [确定] 按钮，则调整后的猩猩头像效果如图 1-10 所示。

图 1-10   调整后的猩猩头像效果

任务三   拼接狼眼与熊嘴

(1) 打开本书光盘"项目 01"文件夹中的"狼.jpg"文件，选择工具箱中的缩放工具 🔍 ，在狼的左眼位置处单击鼠标，将此区域放大显示，如图 1-11 所示。

(2) 选择工具箱中的多边形套索工具 🔽 ，在狼左眼的内眼角处单击鼠标确定起点，然后沿着狼眼的外轮廓依次单击鼠标，直到最后在起点处单击鼠标，即形成一个闭合选区，选择了狼眼，如图 1-12 所示。

图 1-11   放大显示图像

图 1-12   选择狼眼

(3) 按下 Ctrl+C 键复制选区内的图像，然后切换到"怪兽.psd"图像窗口中，按下 Ctrl+V 键将狼眼粘贴到当前窗口中，并将其移动至猩猩的左眼位置处，这时【图层】面板中产生"图层2"，如图 1-13 所示。

(4) 单击菜单栏中的【编辑】/【自由变换】命令，则狼眼四周出现自由变换框，将光标移到变换框的外侧，按住鼠标左键向下拖动鼠标，使狼眼旋转至合适角度，然后再将光标指向变换框最右侧的控制点上，按住 Shift 键的同时向外侧拖动鼠标，将狼眼适当放大，如图 1-14 所示，最后按下回车键确认变换操作。

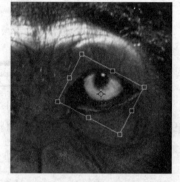

图 1-13　粘贴复制的狼眼　　　　　　　　图 1-14　调整狼眼的角度和大小

(5) 选择工具箱中的橡皮擦工具 ，在工具选项栏中设置参数如图 1-15 所示。

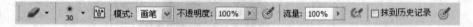

图 1-15　橡皮擦工具选项栏

(6) 在狼眼的底部拖动鼠标，擦除狼眼边缘的多余部分，使狼眼融合得更自然，结果如图 1-16 所示。

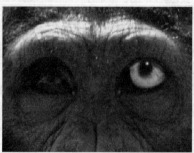

图 1-16　擦除边缘后的效果

指点迷津

　　合成图像时，橡皮擦工具是一个非常实用的工具，它可以把图像的边缘处理得比较柔和，使两幅图像融合得自然而逼真。在擦除狼眼边缘的时候，一定要使用柔边的笔头。为了追求精细效果，可以通过单击鼠标来擦除，以减少失误。

(7) 在【图层】面板中复制"图层2"，得到"图层2副本"，如图 1-17 所示。

图 1-17　复制的图层

(8) 在图像窗口中将复制的狼眼移动至猩猩右眼位置处，然后单击菜单栏中的【编辑】/【变换】/【水平翻转】命令，水平翻转图像，并使用橡皮擦工具 ✐ 将多余部分擦除，结果如图 1-18 所示。

(9) 打开本书光盘"项目 01"文件夹中的"熊.jpg"文件，如图 1-19 所示。

图 1-18　擦除后的效果　　　　　　　　图 1-19　打开的图像

(10) 选择工具箱中的矩形选框工具 ▢ ，在工具选项栏中设置【羽化】值为 10，然后在画面中创建一个矩形选区，选择熊嘴，如图 1-20 所示。

(11) 按下 Ctrl+C 键复制选择的熊嘴，然后切换到"怪兽.psd"图像窗口中，按下 Ctrl+V 键粘贴熊嘴，其位置如图 1-21 所示，此时【图层】面板中产生了"图层 3"。

图 1-20　选择熊嘴　　　　　　　　　图 1-21　粘贴复制的熊嘴

(12) 按下 Ctrl+T 键添加变换框，然后按住 Alt+Shift 键，将光标移动至右上角的控制点上，按住鼠标左键向左下方拖动，将其缩小至合适大小，结果如图 1-22 所示。

(13) 单击菜单栏中的【图像】/【调整】/【色相/饱和度】命令(或者按下 Ctrl+U键)，在弹出的【色相/饱和度】对话框中设置参数如图 1-23 所示。

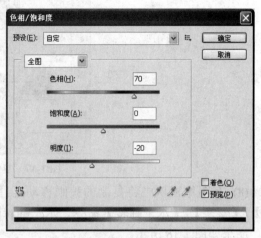

图 1-22　缩小熊嘴图像　　　　　　　　　图 1-23　　【色相/饱和度】对话框

(14) 单击 ▭确定▭ 按钮，则熊嘴与猩猩的面部色调达成一致，如图 1-24 所示。

(15) 使用橡皮擦工具 ✐ 将多余的部分擦除，使其拼接得更加自然，结果如图 1-25 所示。

图 1-24　调整后的效果　　　　　　　　　　　图 1-25　擦除后的效果

任务四　拼接王冠与鼻环

(1) 打开本书光盘"项目 01"文件夹中的"王冠.jpg"文件，选择工具箱中的魔棒工具 ✺，在工具选项栏中设置参数如图 1-26 所示。

图 1-26　魔棒工具选项栏

(2) 在画面中的黑色区域单击鼠标建立选区，选择黑色背景，如图 1-27 所示。

(3) 单击菜单栏中的【选择】/【反向】命令(或者按下 Shift+Ctrl+I 键)，将选区反向，则选择了王冠，如图 1-28 所示。

图 1-27 建立的选区

图 1-28 选择王冠

(4) 按下 Ctrl+C 键复制选择的王冠，然后切换到"怪兽.psd"图像窗口中，按下 Ctrl+V 键粘贴王冠，并调整至合适位置，如图 1-29 所示，此时【图层】面板中产生了"图层 4"。

(5) 在【图层】面板中创建一个新图层"图层 5"，如图 1-30 所示。

图 1-29 粘贴复制的王冠

图 1-30 创建的新图层

(6) 按住 Ctrl 键的同时单击"图层 4"的缩览图，载入选区。

(7) 单击菜单栏中的【选择】/【修改】/【羽化】命令，在弹出的【羽化选区】对话框中设置【羽化半径】为 5，如图 1-31 所示，单击 确定 按钮羽化选区。

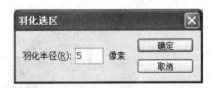

图 1-31 【羽化选区】对话框

指点迷津

在 Photoshop 中，按住 Ctrl 键的同时单击图层的缩览图，可以选择该层中的图像，或者说可以基于该层中的图像建立选区。而羽化的作用是控制选区边缘的柔化程度，在填充选区时可以使边缘比较柔和。

(8) 设置前景色为黑色，按下 Alt+Delete 键填充前景色，然后按下 Ctrl + D 键取消选区，结果如图 1-32 所示。

(9) 在【图层】面板中将"图层 5"调整到"图层 4"的下方，然后在图像窗口中使

用移动工具 ▶ 将"图层 5"中的图像稍微向右下方拖动，使其成为王冠的阴影，结果如图 1-33 所示。

图 1-32　图像效果　　　　　　　　　　图 1-33　王冠的阴影效果

(10) 打开本书光盘"项目 01"文件夹中的"指环.jpg"文件，使用魔棒工具 ▨ 在画面中的黑色区域单击鼠标，建立如图 1-34 所示选区。

(11) 单击菜单栏中的【选择】/【反向】命令，将选区反向，这样就选择了金属环，如图 1-35 所示。

图 1-34　建立的选区　　　　　　　　　　图 1-35　选择金属环

(12) 按下 Ctrl+C 键复制选择的金属环，然后切换到"怪兽.psd"图像窗口中，按下 Ctrl+V 键粘贴复制的金属环，并移动至合适位置，如图 1-36 所示，此时【图层】面板中产生"图层 6"。

(13) 使用橡皮擦工具 ◢ 将金属环与鼻子相交处的多余部分擦除，这样就合成了怪兽的鼻环，效果如图 1-37 所示。

图 1-36　粘贴复制的金属环　　　　　　　图 1-37　擦除后的鼻环效果

任务五　合成壁纸

通过前面的操作，我们已经合成了怪兽形象，它将作为壁纸的核心设计元素，下面将它融合到一个背景之中，形成完整的设计作品。

(1) 打开本书光盘"项目 01"文件夹中的"back.jpg"文件，这是预先处理的背景素材，如图 1-38 所示。

(2) 按下 Ctrl+A 键全选图像，然后按下 Ctrl+C 键复制整个图像，切换到"怪兽.psd"图像窗口中，按下 Ctrl+V 键粘贴复制的图像，则在【图层】面板中产生"图层7"，将该层调整到"背景"与"图层1"之间，如图 1-39 所示。

图 1-38　打开的图像　　　　　　　　　　图 1-39　调整图层的顺序

(3) 此时观察图像窗口，可以看到猩猩的边缘有一圈毛刺，与背景融合不理想，如图 1-40 所示。在【图层】面板中选择"图层 1"为当前图层，使用橡皮擦工具 将周围白色的毛刺擦除，结果如图 1-41 所示。

图 1-40　图像效果　　　　　　　　　　图 1-41　擦除后的效果

(4) 在【图层】面板中同时选择"图层 1"～"图层 6"，然后按下 Ctrl+T 键添加变换框，按住 Shift 键的同时拖动右上角的控制点，适当缩小怪兽的大小，并调整其位置如图 1-42 所示。

(5) 打开本书光盘"项目 01"文件夹中的"铠甲.jpg"文件，如图 1-43 所示。

图 1-42　调整图像的大小和位置　　　　　　图 1-43　打开的图像

(6) 选择工具箱中的套索工具 ⊘，在画面中拖动鼠标，选择一部分铠甲，如图 1-44 所示。

(7) 按下 Ctrl+C 键复制选择的铠甲，然后切换到"怪兽.psd"图像窗口中，按下 Ctrl+V 键粘贴复制的铠甲，如图 1-45 所示，此时【图层】面板中产生"图层 8"。

图 1-44　选择部分铠甲

图 1-45　粘贴复制的铠甲

(8) 在【图层】面板中将"图层 8"调整到"图层 1"的下方，然后按下 Ctrl+T 键添加变换框，按住 Shift 键的同时将铠甲图像适当放大，结果如图 1-46 所示。

(9) 使用橡皮擦工具 ✐ 分别将"图层 1"和"图层 8"中的图像进行部分擦除，使铠甲、怪兽与背景完美融合，结果如图 1-47 所示。

图 1-46　放大铠甲图像

图 1-47　擦除后的效果

指点迷津

　　合成图像时，要注意每一部分图像所在的图层，在对图像操作之前一定要先选择图像所在的图层，因为在 Photoshop 中，所有的操作只对当前图层有效。另外，使用橡皮擦工具擦除图像时，往往需要多次的反复操作才能达到理想的效果。

(10) 打开本书光盘"项目 01"文件夹中的"文字.psd"文件，如图 1-48 所示。

(11) 按下 Ctrl+A 键全选图像，然后按下 Ctrl+C 键复制选择的图像。切换到"怪兽.psd"图像窗口中，按下 Ctrl+V 键粘贴复制的图像。

(12) 使用移动工具 ⊕ 调整文字的位置，最终的桌面壁纸效果如图 1-49 所示。

(13) 单击菜单栏中的【文件】/【存储为】命令，将文件另存为"怪兽.jpg"即可。

图 1-48　打开的图像　　　　　　　　　图 1-49　桌面壁纸效果

1.4　知 识 延 伸

知识点一　Photoshop 应用概述

Photoshop 是 Adobe 公司旗下最为出名的图像处理软件之一，深受广大平面设计人员和电脑美术爱好者的喜爱，目前的最高版本是 Photoshop CS5。

虽然 Photoshop 已经非常普及，但是大多数人对 Photoshop 的了解仅限于"它是一个很好的图像编辑软件"，实际上 Photoshop 的应用领域非常广泛，在广告设计、印刷出版、影视制作等方面都有涉及。

1. 平面设计

Photoshop 应用最广泛的领域是平面设计，它所包含的范围很广，无论是图书封面、画册、宣传单，还是招帖、海报、POP，这些具有丰富图像信息的印刷品，基本上都需要使用 Photoshop 软件对图像进行处理。如图 1-50 所示为图书封面和宣传单。

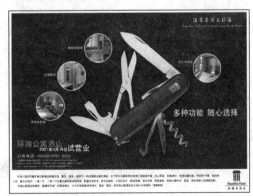

图 1-50　图书封面和宣传单

2. 影像创意

影像创意是 Photoshop 的特长，通过 Photoshop 的处理可以将原本风马牛不相及的对象组合在一起，也可以使用"狸猫换太子"的手段使图像发生面目全非的巨大变化。这可以充分发挥用户的想象力，创作出魔幻般的作品，如图 1-51 所示。

图 1-51　影像创意作品

3. 界面设计

界面设计是一个比较边缘的设计领域，但并不是不重要。现在，越来越多的软件、游戏开发企业以及程序设计人员开始重视程序界面的设计，既包括结构安排的合理性，也包括界面元素的审美性。实际上，涉及界面设计的项目很多，如多媒体课件、网站、实用程序等，如图 1-52 所示为使用 Photoshop 设计的程序界面。

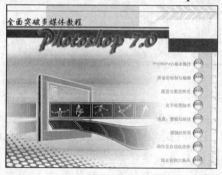

图 1-52　界面设计案例

4. 在三维设计中的应用

三维设计是目前比较热门的一个行业，主要包括建筑效果图设计、展示设计、动漫角色设计等。在这些设计当中，为了得到更逼真的效果，通常要使用贴图材质，这必须使用 Photoshop 制作。

另外，在处理三维场景时，Photoshop 也是必用利器，主要用于合成、调色、处理光影效果等。如图 1-53 所示为使用 Photoshop 合成的三维效果图。

图 1-53　合成的三维效果图

5. 网页制作

　　网络的普及是促使更多人需要学习 Photoshop 的一个重要原因。在制作网页时 Photoshop 是必不可少的工具之一，通常使用它来设计网页版面、优化网页中的图像、处理网页中的图片等。如图 1-54 所示为使用 Photoshop 设计的网页版式。

图 1-54　网页版式设计

6. 摄影与数码后期

　　摄影作为一种对视觉要求非常严格的工作，最终成品往往要经过 Photoshop 的修改，以求完美。正是由于 Photoshop 具有强大的修饰功能，所以现代婚纱影楼往往都使用 Photoshop 对照片进行美化与设计，如图 1-55 所示为处理后的广告与婚纱摄影。

图 1-55　数码后期效果

知识点二　Photoshop 工作界面

　　与以前的版本相比，Photoshop CS5 除了功能大大增强以外，工作界面的变化也比较大，比较突出的变化有三点：一是图像窗口由原来的浮动式改为了标签式；二是增加了一个快捷工具栏；三是提供了多种不同的工作区设置，如图 1-56 所示。

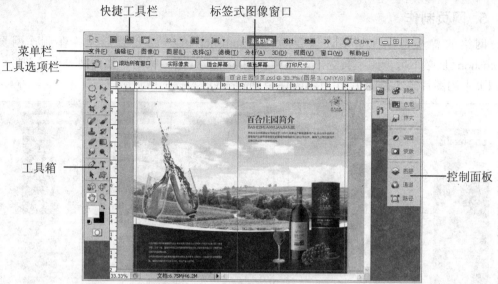

图 1-56 Photoshop CS5 的工作界面

➤ **快捷工具栏**：它将一些最常用的命令整合在一起，便于快速地操作与切换界面。当窗口最大化时，快捷工具栏将出现在菜单栏的右侧，否则出现在菜单栏的上方。

➤ **菜单栏**：共有 11 组菜单，分别是文件、编辑、图像、图层、选择、滤镜、分析、3D、视图、窗口和帮助。这些菜单中包含了 Photoshop 的大部分操作命令。

➤ **工具选项栏**：它是 Photoshop 的重要组成部分，在使用任何工具之前，都要在工具选项栏中对其进行参数设置。选择不同的工具时，工具选项栏中的参数也将随之发生变化。

➤ **工具箱**：放置了 Photoshop 的所有创作工具，包括选择工具、修复工具、填充工具、绘画工具、3D 控制工具和路径工具等。要使用某个工具时，直接单击就可以。

➤ **控制面板**：主要用来监视、编辑、修改图像。Photoshop CS5 的控制面板做了很大改进，同时还新增了若干控制面板。默认情况下，控制面板是成组出现的，并且以标签来区分。

➤ **图像窗口**：无论是新建文件还是打开文件，都会出现一个窗口，这个窗口称为"图像窗口"。在 Photoshop CS5 中，图像窗口以标签的形式出现。

知识点三　新建与打开文件

1. 新建文件

新建文件是 Photoshop 工作的开始，新文件的规格是由工作任务决定的，也就是说，图像的尺寸、分辨率等参数取决于我们要完成的任务。这一点很重要，一旦设置了无效参数，可能导致我们作无用功。

新建文件的基本步骤如下：

(1) 单击菜单栏中的【文件】/【新建】命令(或者按下 Ctrl+N 键)，则弹出【新建】对话框，如图 1-57 所示。

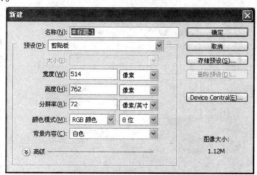

图 1-57　【新建】对话框

(2) 在【名称】文本框中输入要创建的文件名称，系统的默认名称为"未标题-1"，这里最好取一个与文件相关的名字，方便以后查找。另外，如果这里没有命名，也可以在保存文件时再命名。

(3) 在【宽度】和【高度】文本框中输入图像的宽度和高度，这个尺寸是由设计任务决定的。一般为设计物的实际尺寸加上"出血"尺寸。"出血"尺寸一般为 3 mm。

(4) 在【分辨率】文本框中输入合适的分辨率，并选择其单位为"像素/英寸"。

指点迷津

在 Photoshop 中，图像的分辨率是指单位长度上的像素数，习惯上用每英寸中的像素数来表示，因此单位是"像素/英寸"。一般地，分辨率越高，图像越清晰。但是，分辨率过高，机器运行就会减慢，所以要合理设置图像的分辨率。根据经验，如果图像用于制版印刷，分辨率的值应不低于 300 像素/英寸；如果图像用于屏幕显示，分辨率设置为 72 像素/英寸。

(5) 在【颜色模式】下拉列表中选择颜色模式。在 Photoshop 中有很多种颜色模式，如 RGB、CMYK、Lab、灰度等，它们各有各的用途。

(6) 在【背景内容】下拉列表中选择"白色"。【背景内容】中有三个选项："白色"表示用白色作为画布的颜色；"背景色"表示用工具箱中的背景色作为画布的颜色；"透明"表示没有背景，即画布是透明的。

(7) 单击 确定 按钮，则建立了一个空白图像文件。

2. 打开文件

如果要编辑一个已经存在的图像文件，或者要使用现有的图像素材，则需要打开图像文件。打开图像文件的基本操作步骤如下：

(1) 单击菜单栏中的【文件】/【打开】命令(或者按下 Ctrl+O 键)，则弹出【打开】对话框，如图 1-58 所示。

(2) 在【查找范围】下拉列表中找到 Photoshop 文件所在的文件夹。例如这里选择

"案例用图"文件夹。

图 1-58 【打开】对话框

(3) 在对话框的文件列表中单击要打开的文件,则文件反白显示,同时【文件名】文本框中出现要打开的文件名称,例如,单击"地图.jpg"文件,则【文件名】文本框中显示"地图.jpg"。

(4) 单击 打开① 按钮,则打开所选的图像文件。

指点迷津

通过【打开】对话框,我们可以同时打开多个图像文件,只要在文件列表中选择所需要的几个文件,并单击 打开① 按钮即可。选择文件时如果按住 Ctrl 键,可以选择不连续的多个文件;而按住 Shift 键,则可以选择连续的多个文件。

在 Photoshop CS5 的【文件】菜单中还有一个【最近打开文件】命令,该命令的子菜单中记录了最近打开过的图像文件名称,默认情况下可以记录 10 个最近打开的文件,如图 1-59 所示。

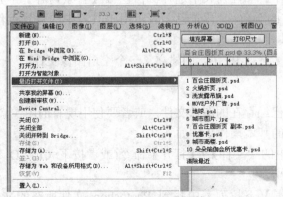

图 1-59 最近打开的文件

知识点四　图像的缩放显示

在图像编辑过程中，经常需要将图像的某一部分进行放大或缩小，以便于操作。在放大或缩小图像时，有以下几种方法：

➢ 选择工具箱中的缩放工具 🔍，将光标移动到图像上，则光标变为 🔍 形状，每单击一次鼠标，图像将放大一级。按住 Alt 键，则光标变为 🔍 形状，每单击一次鼠标，图像将缩小一级。

➢ 选择工具箱中的缩放工具 🔍，在要放大的图像部分上拖动鼠标，将出现一个虚线框，释放鼠标后，虚线框内的图像将充满窗口。

➢ 在工具箱中双击缩放工具 🔍，则图像以 100%比例显示。

➢ 双击工具箱中的抓手工具 ✋，则图像将以屏幕最大显示尺寸显示。

当图像尺寸比较大时，显示屏幕内不能完全显示全部图像，这时如果想查看显示屏幕以外的图像部分，需要使用抓手工具 ✋。选择该工具以后，将光标移动到图像上，当光标变为 ✋ 形状时拖动鼠标，可以查看图像的不同位置。

另外，任何情况下按下空格键，光标都将变为 ✋ 形状，此时拖动鼠标可以方便地查看图像的不同位置。

知识点五　选择的基本操作

选择是 Photoshop 的基础，几乎所有的操作都建立在选择的基础上，所以 Photoshop 中提供了很多选择工具，下面介绍一些关于选择的基本操作。

1. 选框工具组

选框工具组是最基础、最简单的选择工具，主要用于创建规则形状的选区。使用最频繁的选框工具是矩形选框工具 ▣ 和椭圆选框工具 ◯。

选择矩形选框工具 ▣ 以后，在图像窗口中按住鼠标左键并拖动鼠标，即可创建一个矩形选区；按住 Shift 键的同时拖动鼠标，则可以创建一个正方形选区；按住 Alt 键的同时拖动鼠标，则以鼠标起点为矩形的中心点创建选区；按住 Alt+Shift 键的同时拖动鼠标，则以鼠标起点为中心创建正方形选区，如图 1-60 所示。

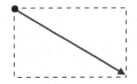  

图 1-60　用矩形选框工具创建选区的四种情况

对于椭圆选框工具 ◯ 的操作，与矩形选框工具完全一样，只是它可以创建椭圆形选区与圆形选区，如图 1-61 所示。

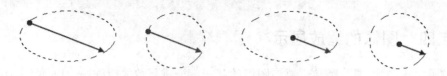

图 1-61　用椭圆选框工具创建选区的四种情况

2. 套索工具组

套索工具组包括套索工具 、多边形套索工具 和磁性套索工具 。它们主要用于创建自由形状的选区。

选择套索工具 以后，在图像窗口中按住鼠标左键并拖动，然后释放鼠标，则鼠标拖动的轨迹自动闭合，形成自由形状的选区。

选择多边形套索工具 以后，在图像窗口中单击鼠标，确立第一个固定点；移动鼠标到合适的位置，再单击鼠标则确立第二个固定点……以此类推，双击鼠标或者返回到第一个固定点单击鼠标，则创建一个闭合的多边形选区。

选择磁性套索工具 以后，在图像的对象上单击鼠标，然后沿着要选择对象的边缘移动鼠标，选区线会跟在鼠标后面"爬"，自动寻找边缘，就好像有磁性一样，当终点与起点重合时，单击鼠标即可创建一个闭合的选区，从而选择对象，如图 1-62 所示。

图 1-62　使用磁性套索工具创建选区

3. 魔棒工具

魔棒工具 适用于选择颜色相近的图像区域。它的选择原理与前面介绍的选择不同，它是基于颜色值进行选择的，这是一个非常高效的工具。

选择了魔棒工具以后，还需要根据工作要求设置其选项，其工具选项栏如图 1-63 所示。

![魔棒工具选项栏：容差: 5　☑消除锯齿　□连续　□对所有图层取样　调整边缘...]

图 1-63　魔棒工具选项栏

这里有几个重要的选项，直接影响了我们的操作。

【容差】也就是容许的误差。容差值越小，选择的图像越精确，建立的选区越小；容差值越大，选择的图像越不精确，建立的选区就越大。如图 1-64 所示，当容差值分别为 10 和 100 时，在图像中单击白云所建立的选区是不同的。

图 1-64　设置不同的容差值时建立的选区

选择【连续】选项，可以建立颜色值相近的连续选区；不选择该项时，则建立颜色值相近的不连续选区，如图 1-65 所示。

图 1-65　创建的连续选区和不连续选区

4. 选区的交叉运算

通过前面的学习，我们注意到，任何一种选择工具都有一组 🔲🔲🔲🔲 按钮。它们有什么作用呢？它们可以设置选区的建立方式，用于选区的交叉运算，如增加选区、减小选区、获得相交选区等。

➢ 按下新选区按钮 🔲，在图像中建立选区时，新建的选区将替换图像中已存在的选区。

➢ 按下添加到选区按钮 🔲，在图像中新建的选区将添加到图像中原有的选区中，即选区的范围扩大。

➢ 按下从选区减去按钮 🔲，将从图像中原有的选区中减去新建选区与原选区的重合部分。

➢ 按下与选区交叉按钮 🔲，将得到新建选区与图像中原有选区的相交部分。

如图 1-66 所示为依次按下不同的按钮时建立的选区，其中阴影部分代表选区的运算结果。

图 1-66　按下不同的按钮时建立的选区

5. 选区的羽化

除了魔棒工具 以外，其他选择工具的工具选项栏中都有一个【羽化】选项，它用于在选区的边缘产生虚化效果。当选区具有羽化值以后，无论是填充选区还是删除选区，边缘都是虚化的，而且羽化值越大，模糊效果越明显，如图 1-67 所示。

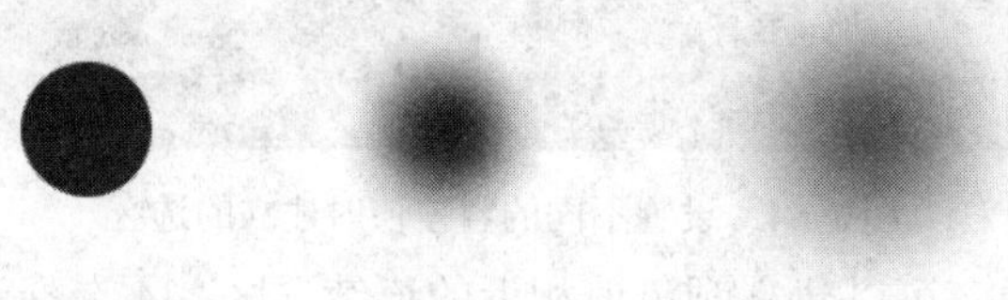

羽化值为 0　　　　羽化值为 10　　　　羽化值为 20

图 1-67　不同羽化值的填充效果

通常在拼合图像的时候，为了使图像边缘融合得更加自然，会使用羽化值。设置选区的羽化时，注意下面几点：

➢ 选择了工具箱中的选择工具，在工具选项栏中设置羽化值，然后在图像窗口中创建选区，这时选区就具有羽化效果。

➢ 如果事先没有设置羽化值，可以在创建选区之后，单击菜单栏中的【选择】/【修改】/【羽化】命令，在弹出的【羽化选区】对话框中设置羽化值，如图 1-68 所示。

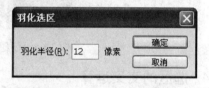

图 1-68　【羽化选区】对话框

➢ 使用魔棒工具和【色彩范围】命令创建的选区，只能通过【羽化选区】对话框设置羽化效果。

6. 移动、反选与取消选区

在图像中建立了选区后，还可以对其进行移动、反选与取消选区操作。

➢ 选择工具箱中的任何一种选择工具，然后将光标移到选区之内，当光标变为 状时拖动鼠标，可以移动选区的位置。

➢ 按下键盘中的方向键，可以使选区沿相应的方向移动 1 个像素；按住 Shift 键的同时按方向键，可以使选区沿相应的方向移动 10 个像素。

➢ 单击菜单栏中的【选择】/【反向】命令，或按下 Shift + Ctrl + I 键，可以将选区反向，即原选区变为非选择区，非选择区变为选区。

➢ 单击菜单栏中的【选择】/【取消选择】命令，或按下 Ctrl + D 键，可以取消选区。

知识点六　橡皮擦工具

在本项目的实施过程中，我们反复使用了橡皮擦工具 ，这是一个基本的编辑工具，如果运用得当，使用它"抠图"会取得事半功倍的效果。

使用橡皮擦工具擦除图像时分为两种情况：一是在背景层上使用时，它相当于使用背景色绘画，也就是用背景色覆盖掉涂抹区域；二是在普通图层上使用时，它会完全擦除图层上的内容，涂抹区域变为透明区域，如图 1-69 所示。

图 1-69　分别在背景层与普通图层上使用橡皮擦工具的效果

橡皮擦工具有三种工作模式，即"画笔"、"铅笔"和"块"，一般情况下使用"画笔"模式居多，此时需要调整画笔的大小、硬度等参数，以适合编辑图像的要求。橡皮擦工具选项栏如图 1-70 所示。

使用橡皮擦工具擦除图像时，主要有以下几项参数需要注意：

➢ 【大小】：这里的画笔大小实际上就是橡皮擦的大小。值较大时，拖动鼠标时擦除的面积就大；值较小时，拖动鼠标时擦除的面积就小。

➢ 【硬度】：这是一个很重要的参数，如果希望得到非常整齐的边缘，硬度应该越大越好；如果希望得到柔和的边缘，硬度应该越小越好。

➢ 【不透明度】：对于橡皮擦工具来说，它影响的是擦除图像的程度，值越高，擦除的越彻底；值越低，擦除的越少。

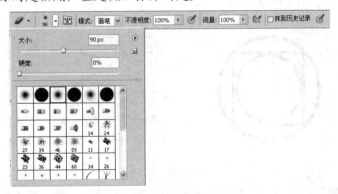

图 1-70　橡皮擦工具选项栏

知识点七　移动工具

在 Photoshop 中，移动工具 ▶⊕ 主要用于图像、图层或选区的移动，使用它可以完成排列、移动和复制等操作。

选择移动工具 ▶⊕ 后，工具选项栏中将显示其相关选项，如图 1-71 所示。

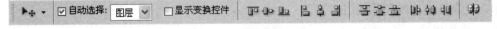

图 1-71　移动工具选项栏

➢ 选择【自动选择】选项时，在图像窗口中单击图像的某处，可以选择并移动该图像所在的图层；否则只能移动当前图层中的图像。

➢ 选择【显示变换控件】选项时，当前图层的图像四周出现定界边框，将光标指向边框的控制点，在移动图像的同时可以进行变形操作。

➢ 单击工具选项栏右侧的对齐和分布按钮，可以对齐、分布图层中的图像。

选择工具箱中的 ![icon] 工具，在工具选项栏中设置合适的选项，然后将光标移至选区内或图像上拖动鼠标，可以移动选区内的图像或当前图层中的图像。

在移动图像时，按住 Shift 键的同时拖动鼠标，可以限制移动操作沿垂直、水平或 45° 方向进行。

知识点八　图层基础

图层是 Photoshop 中的重要概念之一，可以说，创作任何一个作品都离不开图层的使用。这里向大家介绍一下图层的概念。

1. 图层的概念

跟 Photoshop 打交道，我们必须学会使用图层。而初学者往往不太容易适应和理解图层。这里举个例子来说明：可以把图层想象成透明的玻璃纸，在三张透明的玻璃纸上作画，透过上面的玻璃纸可以看见下面纸上的内容。我们在第一层玻璃纸上画个圆圈，第二层玻璃纸上画个方框，第三层玻璃纸上再画个小圆圈，当我们从上向下看时，最终看到的图像是什么样子呢？如图 1-72 所示。

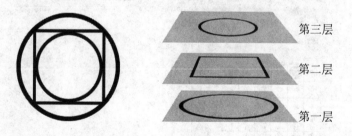

图 1-72　图层示意图

由于各个层都是独立的，在编辑与更改某个图层的时候，就要先选择这个图层，然后才能修改。在整个修改过程中，不会影响到其他图层，这是非常方便的。

2. 图层的基本操作

Photoshop 提供了一个专门控制图层的面板，即【图层】面板，对图层的大部分操作都可以在这里完成。

如果没有打开【图层】面板，可以单击菜单栏中的【窗口】/【图层】命令或者按下 F7 键，打开【图层】面板，如图 1-73 所示。在【图层】面板中，用户可以创建、隐藏、显示、复制、链接及删除图层。

1) 新建图层

如果要创建新图层，可以单击【图层】面板中的【创建新图层】按钮 ![icon]，新建立的图层默认名称为"图层 1";如果再建一个图层,则默认名称为"图层 2"……以此类推,如图 1-74 所示。另外,复制与粘贴图像时,也会产生一个新图层。

图 1-73　【图层】面板

图 1-74　新建图层

2) 选择图层

在【图层】面板中显示为蓝色的图层,称为当前图层,所有的编辑操作只对当前图层有效。但是 Photoshop 也允许同时选择多个图层,以便于对它们同时进行移动、缩放等操作。如果要选择多个不连续的图层,可以按住 Ctrl 键依次单击多个图层。如图 1-75 所示,要选择"图层 2"和"背景"图层,只需要在当前"图层 2"被选择的基础上,按住 Ctrl 键再单击"背景"图层,即可将两个图层同时选择。

如果要按照顺序选择连续的多个图层,可以使用 Shift 键。例如,要选择"图层 2"、"图层 1"和"背景"图层,在当前"图层 2"被选择的基础上,按住 Shift 键单击"背景"图层即可,如图 1-76 所示。

图 1-75　选择不连续的多个图层

图 1-76　选择连续的多个图层

3) 复制图层

在【图层】面板中,将光标指向要复制的图层,按住鼠标左键向下拖动至 图 按钮上,可以复制一个图层。复制图层时,新产生的图层自动命名为"图层 X 副本",例如,复制"图层 2",就会得到"图层 2 副本",继续复制该层,则得到"图层 2 副本 2"、"图层 2 副本 3"……依此类推。

另外,选择工具箱中的 图 工具,按住 Alt 键的同时在图像窗口中拖动鼠标,也可以复制当前图层。

4) 调整图层顺序

图像中的图层位置关系直接影响到整个图像的效果,当在同一个位置上存在多个图层内容时,不同的排列顺序将产生不同的视觉效果。用户可以根据需要排列图层的顺序。在

【图层】面板中，将光标指向要调整顺序的图层，按下鼠标左键拖动至目标位置后释放鼠标，即可调整图层的排列顺序，如图 1-77 所示。

图 1-77　调整图层顺序的前后对比

5)　删除图层

选择要删除的图层，按下 Delete 键可以直接删除图层，也可以将要删除的图层直接拖动到面板下方的【删除图层】按钮 🗑 上，释放鼠标即可删除图层。

知识点九　图像的变换

在图像处理的过程中，图像的变换应用非常频繁，在 Photoshop 中，既可以对选区内的图像进行变换操作，也可以对图层中的图像进行变换操作。

Photoshop 中提供了 5 种经典的变换功能，即缩放、旋转、斜切、扭曲、透视。单击菜单栏中的【编辑】/【变换】命令，在其子菜单中可以看到这 5 个命令，如图 1-78 所示。但是在操作时，通常都使用【自由变换】命令配合快捷键完成这 5 种变换操作。

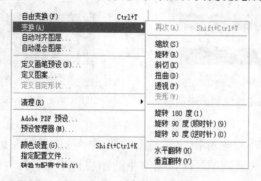

图 1-78　【变换】子菜单

单击菜单栏中的【编辑】/【自由变换】命令(或者按下 Ctrl+T 键)，则图像周围出现变换框，这时可以对图像进行如下的变换操作：

1)　缩放

将光标指向变换框的控制点上，当光标变为双箭头形状时向内或向外拖动鼠标，可以缩小或放大图像。按住 Shift 键的同时拖动变换框角端的控制点，可以等比例缩放图像；按住 Alt+Shift 键，则可以以中心为基准等比例缩放图像，如图 1-79 所示。

2) 旋转

将光标指向变换框的外侧，当光标变为弯曲的双箭头形状时拖动鼠标，可以旋转图像。在旋转过程中如果按住 Shift 键，则每次旋转 15°，如图 1-80 所示。

图 1-79　缩放操作　　　　　　图 1-80　旋转操作

3) 斜切

按住 Shift+Ctrl 键的同时拖动变换框上的控制点，可以对图像进行斜切变换操作，此时，控制点只能沿着变换框的一个方向移动，如图 1-81 所示。

4) 扭曲

按住 Ctrl 键的同时拖动变换框上的控制点，可以对图像进行扭曲变换操作，这时可以使控制点在任意方向上移动，如图 1-82 所示。

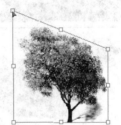

图 1-81　斜切操作　　　　　　图 1-82　扭曲操作

5) 透视

按住 Alt+Shift+Ctrl 键的同时拖曳变换框角端的控制点，可以进行透视变换操作，这时，控制点只能固定在一个方向上移动，与此同时，对应的控制点也发生相应的移动，使图像产生透视效果，如图 1-83 所示。

6) 移动

将光标移至变换框以内，按住鼠标左键进行拖动，可以移动图像的位置。按住 Shift 键的同时，则可以沿水平、垂直或 45°角固定的方向移动，如图 1-84 所示。

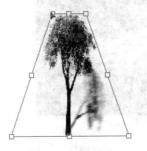
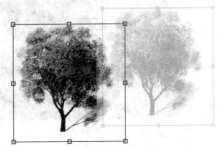

图 1-83　透视操作　　　　　　图 1-84　移动操作

图像变形后，按下回车键或者在变换框内双击鼠标，可以对图像应用变换效果。如果要取消变换效果，可以按下 Esc 键。

1.5 项 目 实 训

利用本项目中学到的相关知识，设计一款怪物电脑壁纸，分辨率为 1280 像素×1024 像素，要求自然、逼真，给人耳目一新的感觉。

项目分析：使用选择工具选择各个动物的某个部位进行组合，关键是抠图要干净利落，接合处要自然而没有痕迹，灵活使用橡皮擦工具会有很大帮助。

项目素材：

光盘位置：光盘\项目 01\实训。

参考效果：

光盘位置：光盘\项目 01\实训。

中文版 Photoshop CS5 工作过程导向标准教程

设计制作灯箱广告

2.1 项目说明

　　某公司要在城市繁华地段沿路设置灯箱广告，宣传其最新推出的一款美容祛斑产品，并且提供了一张脸上有雀斑的模特的照片作为设计素材，要求将照片上的雀斑修掉，并适当润饰，与原来的照片形成对比。

2.2 项目分析

　　本项目为灯箱广告，不需要印刷，将以喷绘写真的形式进行输出。根据客户要求，在设计制作时，除了要突出简洁、清新的特点以外，还要注意以下问题：

　　第一，人物的润色。由于要将人物进行美容前后对比，所以必须先将人物照片复制一份，再进行"磨皮"处理，使皮肤变得粉嫩自然，美白通透。

　　第二，尺寸为 120 cm×90 cm，由于以写真的形式输出，所以创建文件时按照实际尺寸设置，分辨率为 72 ppi 即可。

　　第三，颜色模式既可以使用 CMKY 模式也可以使用 RGB 模式，但是要注意，黑色不能使用单一黑色值，CMYK 值应设置为(50，50，50，100)，否则，画面中的黑色部分会出现横杠，影响整体效果。

　　第四，写真图像最好存储为 TIF 格式，并采用不压缩的方式。

2.3 项目实施

　　下面根据客户要求与项目分析中注意的问题来完成项目的制作，完成后参考效果以及灯箱效果如图 2-1 所示。

图 2-1　灯箱广告参考效果

任务一　人物的美白

　　(1) 启动 Photoshop 软件。

(2) 打开本书光盘"项目 02"文件夹中的"人物.jpg"文件，单击菜单栏中的【图像】/【复制】命令，在弹出的【复制图像】对话框中设置复制图像的名称为"美白后的人物"，如图 2-2 所示。

图 2-2　【复制图像】对话框

(3) 单击 确定 按钮，则将打开的图像复制了一份，按下 Ctrl+S 键将其保存起来。

(4) 选择工具箱中的缩放工具 🔍，在画面中单击鼠标，将图像放大显示，这样便于操作。

(5) 选择工具箱中的污点修复画笔工具 🖊，在人物面部的雀斑上单击鼠标，就可以发现雀斑神奇地消失了。重复这样的操作，直到将大部分雀斑修掉为止，修复前后的对比效果如图 2-3 所示。

图 2-3　修复前后的对比效果

指点迷津

　　污点修复画笔工具可以快速移去照片中的污点和其他不理想的部分，它比任何一种修复工具都更加智能化、简单化。用户几乎不需要设置参数，直接单击鼠标就可以修复掉污点，而且非常自然，适合祛除青春痘、污点、疤痕等。

(6) 选择工具箱中的仿制图章工具 🖌，在工具选项栏中设置合适的笔刷大小，并设置其他各项参数如图 2-4 所示。

(7) 按住 Alt 键，在面颊上比较理想的皮肤处单击鼠标进行取样，如图 2-5 所示。

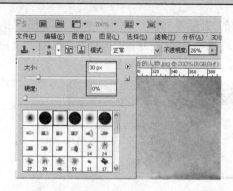

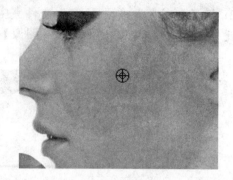

图 2-4 仿制图章工具选项栏　　　　　　　　　图 2-5 取样操作

(8) 将光标移至斑点上连续单击鼠标，直至斑点消失，这样就修复掉了斑点。用同样的办法，不断地在人物面部上进行取样，然后在邻近的斑点上单击鼠标，直至满意为止，这样就完成了粗修操作，结果如图 2-6 所示。

指点迷津

　　仿制图章工具是最传统的一个磨皮工具，使用这个工具时，参数设置一定要合理：一是画笔硬度应为 0%；二是画笔大小要适中；三是不透明度一般控制在 30% 左右为宜，这样可以避免在修片过程中出现"修平"、"修花"的现象。

(9) 选择工具箱中的多边形套索工具 ，在工具选项栏中设置【羽化】值为 10，然后按住 Shift 键的同时在画面中连续单击鼠标，选择人物的脸部与手等肌肤部分，不用特别精确，如图 2-7 所示。

图 2-6 粗修后的效果　　　　　　　　　图 2-7 选择肌肤部分

(10) 按下 Ctrl+J 键，将选择的肌肤复制到一个新图层"图层 1"中，此时的【图层】面板如图 2-8 所示。

(11) 单击菜单栏中的【滤镜】/【模糊】/【表面模糊】命令，在打开的【表面模糊】对话框中设置适当的参数，然后单击 确定 按钮，如图 2-9 所示。

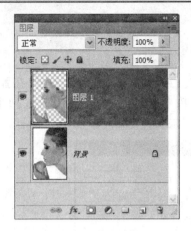
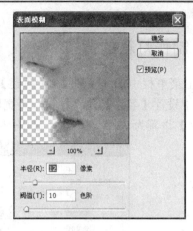

图 2-8　复制的图层　　　　　　　　图 2-9　【表面模糊】对话框

指点迷津

　　【表面模糊】命令是 Photoshop 专门为数码照片设计而增加的一个皮肤美化滤镜，在对人物面部进行模糊处理时，能够最大限度地保留五官的轮廓，但是使用该命令以后，仍然需要使用蒙版对五官的轮廓进行细致处理。

　　(12) 在【图层】面板中设置"图层 1"的不透明度为 75%，然后使用橡皮擦工具在人物的眉毛、睫毛、鼻子、嘴巴的边缘处进行适当擦拭，美白后的效果如图 2-10 所示。

　　(13) 按下 Ctrl+E 键合并图层，然后选择工具箱中的减淡工具 ，在工具选项栏中设置【曝光度】为 10%，并将笔刷调整至合适大小，在人物的眼角、嘴唇、额头和脸颊等比较暗的区域上来回拖动鼠标，进行细化处理，使人物更完美。

　　(14) 选择工具箱中的海绵工具 ，在工具选项栏中设置【模式】为"饱和"，【流量】为 10%，然后在人物的嘴唇上拖动鼠标，增加唇色的饱和度，如图 2-11 所示。

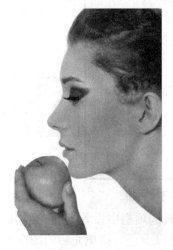

图 2-10　美白后的效果　　　　　　图 2-11　增加唇色的饱和度

　　(15) 按下 Ctrl+S 键，将美白后的人物照片保存起来备用。

任务二 制作灯箱的背景

(1) 单击菜单栏中的【文件】/【新建】命令(或者按下 Ctrl+N 键),在弹出的【新建】对话框中设置【名称】为"灯箱",【宽度】和【高度】分别设置为 120 厘米和 90 厘米,【分辨率】设置为 72 像素/英寸,如图 2-12 所示。

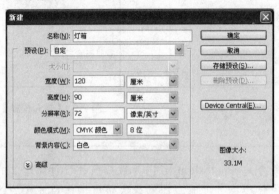

图 2-12 【新建】对话框

(2) 单击 确定 按钮,创建一个新文件。

(3) 选择工具箱中的渐变工具 ,在工具选项栏中单击渐变预览条 ,在弹出的【渐变编辑器】对话框中编辑渐变色,分别双击渐变条下方的两个色标,设置它们的 CMYK 值分别为(0,100,0,0)和(0,0,0,0),如图 2-13 所示。

图 2-13 【渐变编辑器】对话框

(4) 单击 确定 按钮确认操作,在渐变工具选项栏中设置渐变类型为"线性",然后在画面中由左上角向右下角拖曳鼠标,填充线性渐变色,则填充后的图像效果如图 2-14 所示。

(5) 在【图层】面板中单击 按钮,创建一个新图层"图层 1",如图 2-15 所示。

图 2-14　填充后的图像效果　　　　图 2-15　创建的新图层

(6) 选择工具箱中的画笔工具 ，在工具选项栏中设置参数如图 2-16 所示。

(7) 设置前景色为白色，在画面中单击鼠标，绘制一个白色的小星星。再设置前景色为黄色(CMYK：0，0，100，0)，将笔刷调整大一些，在画面中单击鼠标，绘制一个黄色的小星星。同样的方法，继续调整颜色和画笔的大小，绘制出大小错落、颜色丰富的星星图案，如图 2-17 所示。

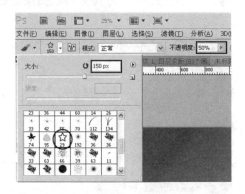

图 2-16　画笔工具选项栏　　　　　　图 2-17　绘制的星星图案

指点迷津

绘制小星星图案时，为了表现出层次感，要随时调整颜色、画笔大小、不透明度这三个选项，读者在操作时不必追求完全一致的效果。另外，如果使用动态画笔功能来绘制，工作效率会更高。

(8) 打开本书光盘"项目 02"文件夹中的"水.jpg"文件，如图 2-18 所示。

图 2-18　打开的图像

(9) 按下 Ctrl+A 键全选图像，再按下 Ctrl+C 键复制选择的图像，然后切换到"灯箱.psd"图像窗口中，按下 Ctrl+V 键粘贴复制的图像，并将其移动到合适的位置，如图 2-19 所示。

图 2-19 粘贴复制的水图像

(10) 按下 Ctrl+T 键添加变换框，按住 Shift 键将图像等比例放大至如图 2-20 所示的大小，然后按下回车键确认变换操作。

(11) 选择工具箱中的橡皮擦工具 ✐，将图像上半部分擦除，使其与背景图像更好地融合，结果如图 2-21 所示。

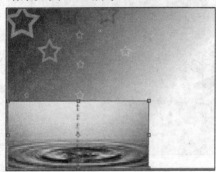

图 2-20 放大图像　　　　　　　　　　图 2-21 擦除后的效果

(12) 单击菜单栏中的【图像】/【调整】/【色相/饱和度】命令(或者按下 Ctrl+U 键)，在弹出的【色相/饱和度】对话框中设置参数，如图 2-22 所示。

(13) 单击 确定 按钮，则图像效果如图 2-23 所示。

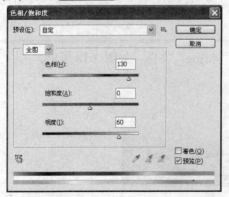

图 2-22 【色相/饱和度】对话框　　　　图 2-23 调整后的图像效果

任务三　合成灯箱画面

(1) 打开前面修饰后的人物照片"美白后的人物.jpg"文件。

(2) 按下 Ctrl+A 键全选图像，再按下 Ctrl+C 键复制图像，然后切换到"灯箱.psd"图像窗口中，按下 Ctrl+V 键粘贴图像，并将其移动至如图 2-24 所示位置。

(3) 按下 Ctrl+T 键添加变换框，然后按住 Shift 键拖动左上角的控制点，将其等比例放大至如图 2-25 所示的大小，再按下回车键确认变换操作。

图 2-24　全选图像　　　　　　　　　图 2-25　调整图像的大小和位置

(4) 选择工具箱中的橡皮擦工具 ，在画面中拖动鼠标，将人物周围的白色背景擦除，使之与背景相融合，结果如图 2-26 所示。

(5) 选择工具箱中的多边形套索工具 ，在画面中连续单击鼠标，将人物手中的青色苹果选中，如图 2-27 所示。

图 2-26　擦除后的效果　　　　　　　　图 2-27　选中青色苹果

(6) 单击菜单栏中的【选择】/【修改】/【羽化】命令，在弹出的【羽化选区】对话框中设置【羽化半径】为 10，如图 2-28 所示，然后单击 确定 按钮羽化选区。

图 2-28　【羽化选区】对话框

(7) 单击菜单栏中的【图像】/【调整】/【色相/饱和度】命令，在弹出的【色相/饱和度】对话框中设置【色相】值为 −120，如图 2-29 所示。

(8) 单击 [确定] 按钮，则将青苹果调成了红色，按下 Ctrl+D 键取消选区，结果如图 2-30 所示。

图 2-29 【色相/饱和度】对话框

图 2-30 红苹果效果

(9) 打开本书光盘"项目 02"文件夹中的"化妆品.psd"文件，如图 2-31 所示。

(10) 参照前面的方法，按下 Ctrl+A 键全选图像，然后将其复制到"灯箱.psd"图像窗口中，并移动到合适的位置，如图 2-32 所示。

图 2-31 打开的图像

图 2-32 复制的化妆品

指点迷津

关于两个文件之间进行复制，前面已经描述多次，通常是 Ctrl+A、Ctrl+C 和 Ctrl+V 三组快捷键的组合运用。在今后的操作步骤中，将统一叙述为"参照前面的方法，将……复制到……图像窗口中"。

(11) 用同样的方法，打开本书光盘"项目 02"文件夹中的"人物.jpg"文件，按下 Ctrl+A 键全选图像，将其复制到"灯箱.psd"图像窗口中，并移动到合适的位置，如图 2-33 所示。

(12) 选择工具箱中的椭圆选框工具 ○，在工具选项栏中设置【羽化】值为 0，然后按住 Shift 键在图像中拖动鼠标，创建一个圆形选区，如图 2-34 所示。

图 2-33　复制的人物

图 2-34　创建的圆形选区

(13) 在【图层】面板中单击  按钮，则为当前图层添加了图层蒙版，如图 2-35 所示，此时的图像效果如图 2-36 所示。

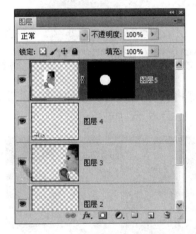

图 2-35　添加图层蒙版

图 2-36　添加图层蒙版后的图像效果

(14) 在【图层】面板中创建一个新图层"图层 6"，并将其拖至"图层 5"的下方，如图 2-37 所示。

(15) 在【图层】面板中按住 Ctrl 键击"图层 5"的蒙版缩览图，基于蒙版建立一个圆形选区，如图 2-38 所示。

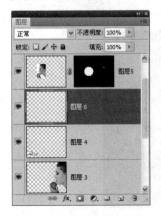

图 2-37　创建的新图层

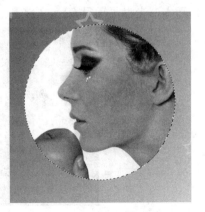

图 2-38　基于蒙版建立的选区

（16）单击菜单栏中的【选择】/【变换选区】命令，为选区添加变换框，然后按住 Alt+Shift 键向外拖动变换框右上角的控制点，将选区以中心点为基准等比例放大至如图 2-39 所示大小，按下回车键确认变换操作。

（17）设置前景色为白色，按下 Alt+Delete 键，用前景色填充选区，然后按下 Ctrl+D 键取消选区，则图像效果如图 2-40 所示。

图 2-39　变换选区　　　　　　　　　　　图 2-40　图像效果

（18）选择工具箱中的移动工具 ，按住 Alt 键的同时在画面中按住鼠标左键向上方拖动，则将当前图层复制一层，如图 2-41 所示。

（19）按下 Ctrl+T 键添加变换框，再按住 Shift 键将其等比例缩小至如图 2-42 所示的大小，然后按下回车键确认变换操作。

图 2-41　复制的图像　　　　　　　　　　图 2-42　缩小复制的图像

（20）打开本书光盘"项目 02"文件夹中的"文字.psd"文件，如图 2-43 所示。

图 2-43　打开的图像

(21) 参照前面的方法，将文字复制到"灯箱.psd"图像窗口中，并将其移动到合适的位置，最终的灯箱广告画面效果如图 2-44 所示。

图 2-44　灯箱广告画面效果

2.4　知 识 延 伸

知识点一　关于写真知识

写真是使用专业的写真设备将图像打印到专用的布或者纸上，如灯箱布、相纸等。在广告行业中，写真占有很大的比重，被广泛地应用到商场促销海报、商品陈设布景等。常见的写真作品有易拉宝、X 展架、室内展板等，如图 2-45 所示，它们的共同特点是：与受众距离较近，尺寸不是很大，输出分辨率高，色彩比较饱和而清晰。

图 2-45　X 展架与易拉宝

由于写真机比较小，可输出的画面宽度一般在 2.4 m 以下，所以不适合制作很大尺寸的画面，一般只有几平米大小，例如宣传展示用的易拉宝，通常是 80 cm×200 cm 或者 90 cm×200 cm。写真机使用的介质一般是 PP 胶片、背胶、相纸、灯箱片等，墨水使用水性墨水，输出图像后还要覆膜、裱板才算成品。

在设计写真作品时，尺寸大小和实际要求的画面大小是一样的，不需要留出"出血"

部分；分辨率一般情况下设置为 72 ppi 即可，如果图像文件过大，大小超过 400 M，这时可以适当降低分辨率。

颜色模式可以使用 RGB 模式，但是要注意，RGB 中大红色要用 CMYK 来定义，即 C = 0、M = 100、Y = 100、K = 0；而黑色不能使用单色黑，必须填加 C、M、Y 色，组成混合黑，即 C、M、Y 的值不能为 0。

知识点二　修复工具的使用

修复照片是 Photoshop 的一项重要功能，随着软件版本的升级，它提供了越来越多的数码照片修复工具。下面介绍几种常用的照片修复工具。

1. 污点修复画笔工具

污点修复画笔工具 ✐ 可以快速移去照片中的污点和其他不理想的部分，特别适合于婚纱影楼的人员使用，适合去除青春痘、污点、疤痕等。它使用图像或图案中的样本像素进行绘画，并将样本像素的纹理、光照、透明度和阴影与所修复的像素进行匹配。

该工具比以前的任何一种修复工具都更加智能化、简单化。用户几乎不需要设置参数，直接单击鼠标就可以修复掉污点，而且非常自然。在修复的过程中，污点修复画笔自动从所修饰的图像周围进行取样，并且对光照、纹理进行自动匹配。如图 2-46 所示为快速修复污点的效果。

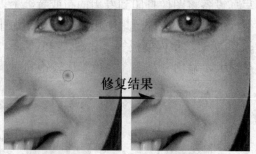

图 2-46　快速修复污点的效果

2. 修补工具

修补工具 ✦ 可以使用采样像素或图案来修复选中的图像区域，并且将样本像素的纹理、光照和阴影与被修补区域的像素进行匹配。修补工具选项栏如图 2-47 所示。

图 2-47　修补工具选项栏

修补工具的使用方法很简单，在画面中选择需要修补的地方，然后拖动到比较理想的区域即可，这时就可以自动完成修补。刚开始选择的区域称为"源"，拖动到的区域称为"目标"。

在工具选项栏中选择【源】时，则目标区域的像素将替换选区(源区域)的像素；选择【目标】时，则选区(源区域)的像素替换目标区域的像素，如图 2-48 所示。

图 2-48　目标区域被替换

3. 修复画笔工具

修复画笔工具 可用于消除图像中的瑕疵。使用修复画笔工具时需要从图像中取样或者直接利用图案对图像进行修复，并且在修复图像时可以将采样像素的纹理、光照和阴影与被修复区域的像素进行匹配，从而使修复后的像素不留痕迹。它与污点修复画笔工具的最大区别在于需要先取样再修复。

选择修复画笔工具 以后，首先需要按住 Alt 键，在比较理想的图像区域单击鼠标，称为"取样"，然后在需要修复的地方单击或拖动鼠标即可，如图 2-49 所示。

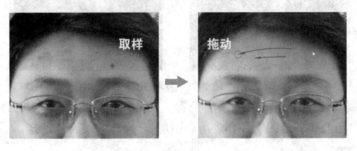

图 2-49　修复图像的过程

4. 仿制图章工具

仿制图章工具 主要用于修复图像、复制图像或进行图像合成。选择仿制图章工具之后，按住 Alt 键在图像中单击鼠标，可以设置取样点，然后在图像的另外位置上拖曳鼠标，就可以复制图像。如果是在另外一幅图像中拖曳鼠标，则可以创建合成效果。

使用仿制图章工具的操作步骤如下：

(1) 打开要复制的图像文件。

(2) 选择工具箱中的仿制图章工具 ，在工具选项栏中设置合适的参数。

(3) 按住 Alt 键将光标移动到图像上，当光标变为 形状时单击鼠标进行取样。取样时，不论选择了多大的笔头，它都是整幅图像进行取样。

(4) 在画面中拖曳鼠标，这时取样点处的图像就被复制到指定位置了。仿制图章工具主要用于复制图像。使用时如果笔头过大或过小，可以根据实际情况随时更换。

下面介绍一下仿制图章工具选项栏中的参数，如图 2-50 所示。

图 2-50　仿制图章工具选项栏

在仿制图章工具选项栏中，各选项的作用与画笔工具选项基本一致。不同的选项有两个：一是【对齐】选项，二是【样本】选项。

在复制图像时，如果不选择【对齐】选项，则每拖动一次鼠标（即按下鼠标到释放鼠标为一次），都将重新开始复制图像；而选择【对齐】选项，不管用户停顿和继续拖动鼠标多少次，每次拖动鼠标都将接着上一次的操作结果继续复制图像。

如图 2-51 所示为取消【对齐】选项后，根据一个采样点在不同的位置通过单击鼠标创建的多个复制效果。左图为原图像，右图为复制后的图像。

图 2-51　复制图像

取样的时候要注意【样本】选项的设置，Photoshop CS5 提供了三种方式，分别是"当前图层"、"当前和下方图层"和"所有图层"，操作时要合理选择。

指点迷津

修复画笔工具是将"源"区域的图像混合到"目标"区域；仿制图章工具是将"源"区域的图像直接覆盖到"目标"区域。也就是说，修复画笔工具修补的画面更自然，仿制图章工具可以更加真实地复制"源"区域内的图像。

知识点三　渐变色的运用

所谓渐变色是指从一种颜色逐渐过渡到另一种颜色。在图像设计过程中，渐变色的应用是最广泛的，因为在大自然中，物体由于受光照的影响，即使是一种颜色也会因光的影响而产生明暗变化，而要表现颜色的明暗变化或过渡，必然要使用渐变色。

Photoshop 中只提供了一种渐变色工具，但是该工具的功能却十分强大，几乎可以完成任何渐变色的填充。

1. 渐变色的类型

Photoshop 提供了五种类型的渐变色，分别是线性渐变、径向渐变、角度渐变、对称渐变、菱形渐变。不同的渐变类型定义了颜色的过渡方式。当选择了工具箱中的 🔳 工具以后，在其工具选项栏中可以选择不同的渐变类型，如图 2-52 所示。

图 2-52　渐变工具选项栏

下面，简单介绍一下各种渐变类型的意义。

➢ 线性渐变 ▣：从起点到终点以直线方式逐步过渡。这是使用比较多的一种过渡类型，可以表现平面物体的光照效果。

➢ 径向渐变 ▣：从起点到终点以圆形方式逐步过渡，可以表现球形体、柱形体的光照效果。

➢ 角度渐变 ◣：围绕起点以逆时针环绕方式逐步过渡，可以表现放射状的光照效果，经常使用这种渐变来制作光盘效果。

➢ 对称渐变 ▤：在起点两侧用对称线性渐变方式逐步过渡，可以表现柱状体的光照效果，这种过渡类型使用得较少。

➢ 菱形渐变 ▣：从起点向外以菱形图案方式逐步过渡，终点定义菱形的一角。这种过渡类型使用得也比较少。

Photoshop 中的这五种渐变类型，每一种类型的效果是不一样的，如图 2-53 所示为选择不同渐变类型时的渐变效果。

线性渐变　　径向渐变　　角度渐变　　对称渐变　　菱形渐变

图 2-53　不同渐变类型时的渐变效果

2. 使用渐变色的方法

渐变色的用途最广泛，可以创建平面作品的背景，表现光影效果、立体效果等。在 Photoshop 中使用渐变工具填充渐变色的基本操作步骤如下：

(1) 在图像窗口中建立一个选区或者选择一个图层。

(2) 选择工具箱中的渐变工具 ▣，在工具选项栏中单击渐变预览条 ▬▬ 右侧的三角形按钮，在打开的选项板中选择系统预设的渐变色，如图 2-54 所示。

图 2-54　预设的渐变色

(3) 在工具选项栏中选择一种渐变类型，然后设置模式、不透明度以及其他选项。

➢ 选择【反向】选项时，可以反转渐变填充中起点与终点的颜色顺序。

➢ 选择【仿色】选项时，Photoshop 将使用一种称为"仿色"的处理技术在渐变工具填充的各颜色之间进行平滑过渡,以防止出现颜色过渡过程中的间断现象。

➢ 选择【透明区域】选项时,可以保留渐变填充所使用颜色中的透明属性。

(4) 在选区内从起点处按下鼠标左键,拖曳到终点处释放鼠标,即可填充渐变色,按住 Shift 键的同时可以以水平、垂直或 45°角填充渐变色。填充渐变色时,起点与终点的位置不同,渐变效果也不同,如图 2-55 所示。

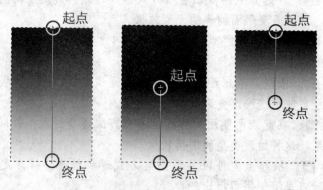

图 2-55　填充渐变色

3. 编辑渐变色

在 Photoshop CS5 中,系统预置了多种渐变色,用户可以直接使用这些渐变色,如果预置的渐变色不能满足设计需要,还可以自己编辑渐变色。

编辑渐变色的基本操作步骤如下:

(1) 选择工具箱中的渐变工具 。

(2) 单击工具选项栏中的渐变预览条 ,则弹出【渐变编辑器】对话框,如图 2-56 所示。

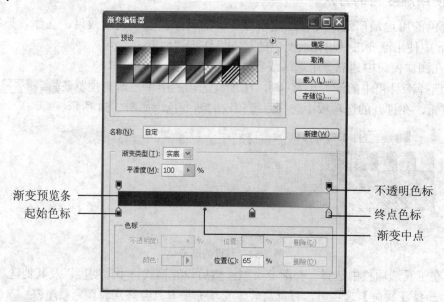

图 2-56　【渐变编辑器】对话框

(3) 从【预设】列表中选择一种渐变色，可以基于所选的渐变色创建新的渐变色。

(4) 将光标指向渐变预览条的下方，当光标变为 形状时单击鼠标，可以添加色标。按住色标向上或向下拖曳鼠标，可以删除色标。

(5) 根据需要编辑渐变色。单击色标，则色标上方的三角形变黑，表示正在编辑该色标的颜色，此时单击【色标】选项组中的颜色块或者双击色标，则弹出【选择色标颜色：】对话框，如图 2-57 所示，在对话框中可以设置该色标的颜色。

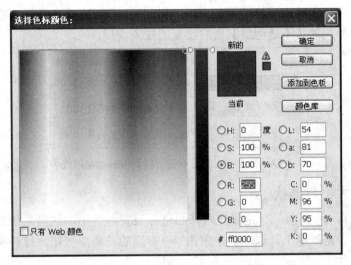

图 2-57　【选择色标颜色：】对话框

(6) 将光标指向色标，按住鼠标左键水平拖曳，可以调整色标的位置；也可以单击色标后，在【位置】文本框中输入一个数值确定色标的位置。

(7) 拖曳渐变中点，可以调整两种颜色之间的分界线位置；也可以单击渐变中点，在【位置】文本框中输入一个数值确定中点的位置。

(8) 根据需要设置渐变的不透明度，不透明色标的操作方法与色标操作方法类似。

(9) 在【平滑度】文本框中可以设置整个渐变色的平滑度。

(10) 单击 确定 按钮，新创建的渐变色即成为可使用的当前渐变色。

知识点四　画笔工具的使用

使用画笔工具 可以在图像上用前景色进行绘画，绘出的线条比较柔和，能够模拟传统的毛笔效果，并且可以自由地选择与设置画笔大小与形状，功能非常强大。

1. 画笔的使用方法

使用画笔工具绘制图形的一般步骤如下：

(1) 在工具箱中选择画笔工具 。

(2) 设置前景色，即画笔工具要使用的颜色。

(3) 在工具选项栏中选择画笔的大小、形状，并设置所需的混合模式等，如图 2-58 所示。

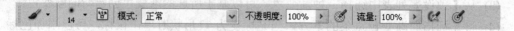

图 2-58　画笔工具选项栏

> ➢ 画笔 ：用于选择画笔的形状。
> ➢ 【模式】：用于设置画笔与图像之间颜色的混合模式。
> ➢ 【不透明度】：用于设置所绘线条的不透明度。

（4）在图像窗口中单击鼠标，可以画出一个点；拖曳鼠标，则可以绘制图像。如图 2-59 所示为设置不同的【不透明度】值后绘制的线条。

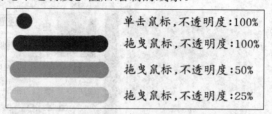

图 2-59　设置不同的【不透明度】值后绘制的线条

2. 画笔的大小与形状

使用画笔工具 之前，一定要先选择画笔并设置好大小，这里系统地介绍一下如何选择与设置画笔。在画笔工具选项栏中单击 右侧的三角形按钮，打开画笔选项板，如图 2-60 所示。

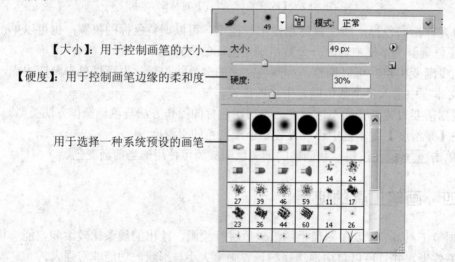

图 2-60　画笔选项板

双击所需的画笔，可以选择系统预设的画笔，同时关闭画笔选项板。如果画笔选项板中没有合适大小的画笔，可以选择最接近的一种画笔，然后修改【大小】和【硬度】的值，从而得到所需的画笔。

Photoshop 提供了丰富多彩的画笔，默认情况下没有全部显示出来。用户可以通过画笔选项板的面板菜单载入更多的画笔，如图 2-61 所示。当选择了一种类别的画笔以后，它们就会出现在画笔选项板中，如图 2-62 所示。

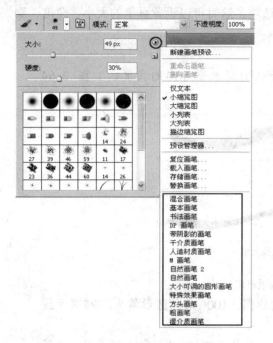
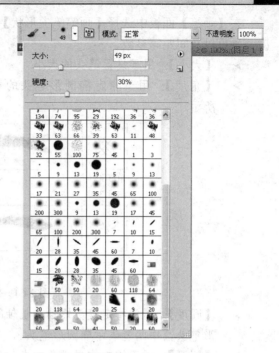

図 2-61　画笔选项板的面板菜单　　　　　图 2-62　载入的画笔

　　更多的画笔参数需要在【画笔】面板中完成，单击画笔工具选项栏中的 ■ 按钮或按下 F5 键，可以打开【画笔】面板，在这里也可以设置画笔大小、硬度等参数，而且还可以设置更多的参数，如圆度、角度、间距等，如图 2-63 所示。

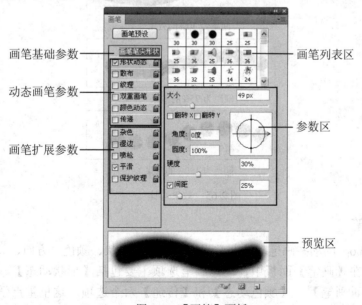

图 2-63　【画笔】面板

　　选择【画笔笔尖形状】选项，可以在参数区中设置更多的画笔基础参数，同时也可以勾选画笔扩展参数，创建更个性化的画笔，并且设置了参数以后，在画笔效果预览区中可以实时显示画笔效果。

在【画笔】面板中选择【画笔笔尖形状】选项，这时可以设置画笔的大小、角度、圆度、硬度以及间距等参数。

➢ 【大小】：用于设置笔头的大小。

➢ 【角度】：用于指定椭圆形笔头的长轴偏离水平方向的角度，如图 2-64 所示。

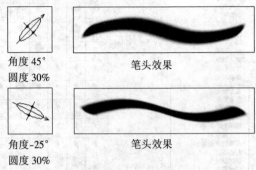

角度 45°
圆度 30%   笔头效果

角度 -25°
圆度 30%   笔头效果

图 2-64　效果对比

➢ 【圆度】：用于指定笔头短轴与长轴的比例。100%表示圆形笔头，0%表示线形笔头，中间值表示椭圆形笔头。

➢ 【间距】：用于控制构成线条的点与点之间的距离。如图 2-65 所示显示了不同间距的笔划效果。

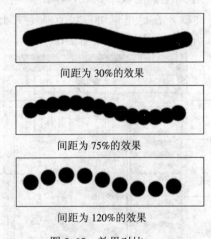

间距为 30%的效果

间距为 75%的效果

间距为 120%的效果

图 2-65　效果对比

3. 动态画笔

其实 Photoshop 的动态画笔功能非常强大，画笔的形状、颜色、方向、间距等都可以发生动态变化。在【画笔】面板中，动态画笔选项主要包括【形状动态】、【散布】、【纹理】、【双重画笔】、【颜色动态】和【传递】六个选项。这里重点学习【形状动态】的相关参数。

在【画笔】面板中切换到【形状动态】选项，这时会出现形状动态的相关参数，通过这些参数可以设置画笔的大小、角度、圆度的动态变化情况，从而产生丰富的绘画效果，如图 2-66 所示。

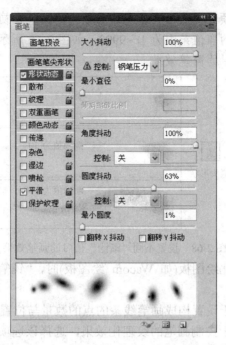

图 2-66　形状动态参数

➢ 【大小抖动】：该选项用于设置绘制线条时画笔大小的动态变化情况。在绘制线条的过程中，取值为 0%时，画笔大小保持不变；取值为 100%时，画笔大小变化的自由随机度最大。

➢ 【最小直径】：当选择了【大小抖动】选项并设置了【控制】参数后，该选项用于设置画笔可以缩小的最小尺寸，其值以画笔直径的百分比为基础。

➢ 【角度抖动】：用于设置绘制线条的过程中画笔角度的动态变化情况。

➢ 【圆度抖动】：用于设置绘制线条的过程中画笔圆度的动态变化情况。其值以画笔短轴和长轴的比例为基础。

➢ 【翻转 X 抖动】：选择该选项，可以翻转水平方向上的抖动。

➢ 【翻转 Y 抖动】：选择该选项，可以翻转垂直方向上的抖动。

对于【大小抖动】、【角度抖动】和【圆度抖动】选项，可以从其下方的【控制】列表中选择"渐隐"选项并指定步长，如图 2-67 所示。

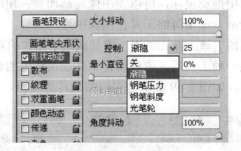

图 2-67　【控制】列表

➢ 选择"关"选项时，不控制大小、角度和圆度抖动变化。

> 选择"渐隐"选项时，表示在指定的步数内，画笔在初始直径和最小直径之间过渡。步长值的取值范围为 1～9999。如图 2-68 所示为【大小抖动】设置不同"渐隐"值时的画笔效果。

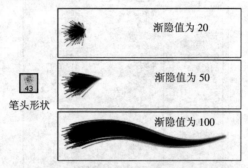

图 2-68 设置不同"渐隐"值时的画笔效果

注意，只有使用数字化绘图板(如 Wacom®绘图板)时，"钢笔压力"、"钢笔斜度"、"光笔轮"选项才可用。

【散布】选项主要用于设置构成画笔线条的点的数量与位置。

【纹理】选项主要用于控制画笔的纹理化效果，选择该选项后可以产生使用画笔在各种有纹理的帆布上绘画的效果。

【双重画笔】选项使用两种画笔效果创建画笔，其中的参数主要用于控制第二个画笔的形态。

【颜色动态】选项主要用于设置绘制线条的过程中颜色的动态变化情况。

【传递】选项主要用于设置在绘制线条的过程中画笔的不透明度和顺畅度的动态变化情况。

知识点五 海绵工具的使用

在本项目中，我们使用了海绵工具 对人物的唇部进行了处理，它的主要作用是提高唇色的饱和度，使之看上去更艳丽一些。

在 Photoshop 中，减淡工具 、加深工具 和海绵工具 是一组工具，主要用于处理影调的明暗与颜色的浓淡，统称为色调编辑工具。

使用减淡工具在图像中拖曳鼠标，可以使图像局部加亮；使用加深工具在图像中拖曳鼠标，可以使图像局部变暗。使用海绵工具在图像中拖曳鼠标，可以精细地调整图像区域中的色彩饱和度，在灰度图中该工具还可用于增加或减小图像的对比度。

选择了工具箱中的某一种工具后，通过设置工具选项栏中的选项，可以对图像中不同的色调部分进行细微调节，如图 2-69 所示是它们的工具选项栏。

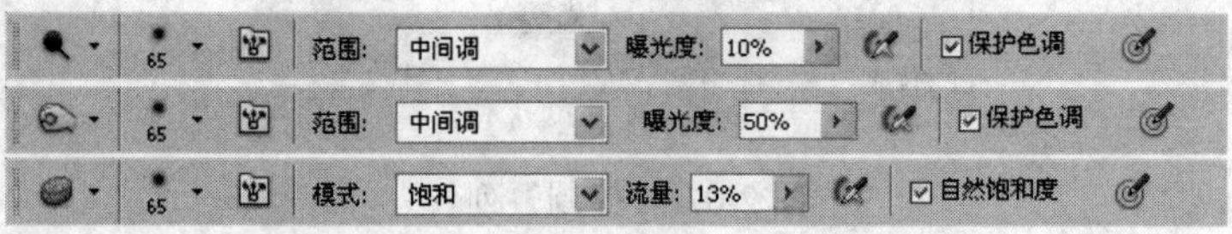

图 2-69 三种色调编辑工具选项栏

> 【画笔】 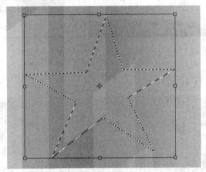 ：用于设置笔头的大小与形状。

> 【范围】：用于设置减淡或加深的不同范围。选择"阴影"选项时可以更改图像的暗调区；选择"中间调"选项时可以更改图像的半色调区，即暗调与高光之间的部分；选择"高光"选项时可以更改图像的高光区。

> 【模式】：这是海绵工具特有的工具选项。选择"降低饱和度"选项时可以降低图像的对比度或饱和度；选择"饱和"选项时可以加强图像的对比度或饱和度。

> 【曝光度】：用于设置减淡或加深操作的曝光程度。值越大，效果越明显。

> 【流量】：用于设置使用海绵工具绘制时的笔墨扩散速度。

知识点六　选区的变换

创建了选区以后，可以对它进行任意变换。假设我们建立了一个多边形选区，然后执行【选择】/【变换选区】命令，这时选区周围就会出现一个带有 8 个控制点的变换框，如图 2-70 所示。

图 2-70　选区的变换框

> 将光标移到变换框外拖曳鼠标，可以旋转选区。

> 将光标移到变换框的四边控制点上拖曳鼠标，可以改变选区的宽度或高度；将光标移到变换框的角端控制点上拖曳鼠标，可以对选区进行缩放变形；按住 Shift 键的同时拖曳鼠标，可以对选区进行等比例缩放。

> 将光标移到变换框的任意一个控制点上，按住 Ctrl 键拖曳鼠标，可以扭曲选区。

> 将光标移到变换框的任意一个控制点上，按住 Shift＋Ctrl 键拖曳鼠标，可以斜切选区。

> 将光标移到变换框的任意一个控制点上，按住 Alt＋Shift＋Ctrl 键拖曳鼠标，可以对选区进行透视变换。

2.5　项　目　实　训

制作一幅苹果可乐的户外宣传，要求苹果上的斑点要去除干净，画面清新利落，颜色鲜艳，合成后的图像自然无痕迹，尺寸为 50 cm×32 cm。

任务分析：首先需要使用修补工具对苹果进行修补，将其中的斑点去除，然后抠图并合成到风景图片中，适当进行调色，使其看起来有很强的诱惑力。

任务素材：

光盘位置：光盘\项目 02\实训。

参考效果：

光盘位置：光盘\项目 02\实训。

中文版 Photoshop CS5 工作过程导向标准教程

设计制作汽车杂志广告

3.1 项 目 说 明

某汽车公司为了配合新车上市，要为该款汽车设计一个杂志广告，并在杂志中以跨页的方式刊登，要求设计作品能够体现"在城市中轻松穿梭"的理念，以突出该款汽车的市场定位——城市中级家轿。

3.2 项 目 分 析

接到这个设计任务，一个大胆的创意首先浮现脑海：一条宽敞马路畅通无阻，在繁华的都市上空缓慢铺开，在马路上，一辆轿车轻松穿梭，无往不至。于是决定采用这个创意，但是需要注意以下几个问题：

第一，由于杂志需要印刷，所以要设置文件的颜色模式为 CMYK 模式，分辨率为 300 ppi。

第二，作品要跨页刊登，所以尺寸是杂志页面的 2 倍，即 420 mm×285 mm。

第三，印刷文件都要设置出血线，防止裁切时出现白边。

3.3 项 目 实 施

在实施该项目时，创建新文件时的尺寸设置一定要正确，必须预留出血位，所以正确的尺寸应该是 (420+6)mm×(285+6)mm。该项目的最终参考效果如图 3-1 所示。

图 3-1　汽车杂志广告参考效果

任务一　创建新文件

(1) 启动 Photoshop 软件。

(2) 单击菜单栏中的【文件】/【新建】命令(或者按下 Ctrl+N 键)，在弹出的【新建】对话框中设置参数如图 3-2 所示。

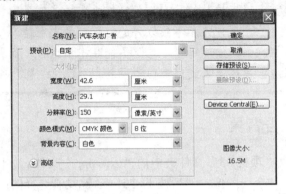

图 3-2 【新建】对话框

(3) 单击 确定 按钮，创建一个新文件。

指点迷津

因为本案例作为教学使用，为了保障计算机的运行速度，降低了分辨率，如果要付诸印刷，分辨率一定要设置为 300 ppi。另外，文件尺寸应为实际尺寸加上出血尺寸，这样宽度应为 42+0.3+0.3=42.6 cm，高度应为 28.5+0.3+0.3=29.1 cm。

(4) 重复执行菜单栏中的【视图】/【新建参考线】命令，在弹出的【新建参考线】对话框中分别设置【位置】为 0.3 厘米、42.3 厘米，【取向】为垂直，如图 3-3 所示。

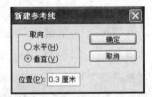 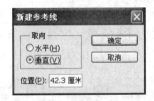

图 3-3 两次设置【新建参考线】对话框的参数

(5) 单击 确定 按钮，创建两条垂直的参考线，如图 3-4 所示。用同样的方法，再创建两条水平的参考线，如图 3-5 所示。

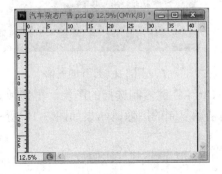 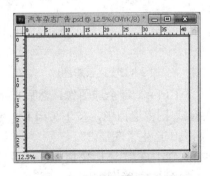

图 3-4 创建的垂直参考线　　图 3-5 创建的水平参考线

指点迷津

　　创建参考线时，可以直接从标尺上拖动鼠标来完成，但是这样操作不精确，还需要借助标尺进行定位。另外，参考线以外的位置就是出血位，使用参考线标识出来便于作图。通常情况下，文字等重要信息不能超出出血位，而背景图像则要超出出血位，这样可以防止裁掉信息或出现白边现象。

任务二　制作广告背景

　　(1) 打开本书光盘"项目 03"文件夹中的"云彩.jpg"文件，如图 3-6 所示。

　　(2) 按下 Ctrl+A 键全选图像，然后按下 Ctrl+C 键复制选择的图像，再切换到"汽车杂志广告.psd"图像窗口中，按下 Ctrl+V 键粘贴复制的图像，结果如图 3-7 所示，此时【图层】面板中产生"图层 1"。

　　　　图 3-6　打开的图像　　　　　　　　　图 3-7　粘贴复制的云彩图像

　　(3) 按下 Ctrl+T 键添加变换框，分别拖动右侧的控制点和下方的控制点，将图像拉宽，使其在宽度上铺满画布，位置如图 3-8 所示，最后按下回车键确认变换操作。

　　(4) 打开本书光盘"项目 03"文件夹中的"城市.jpg"文件，如图 3-9 所示。

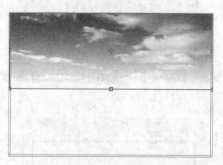

　　　　图 3-8　变换云彩图像　　　　　　　　　图 3-9　打开的图像

　　(5) 按下 Ctrl+A 键全选图像，然后按下 Ctrl+C 键复制选择的图像，再切换到"汽车杂志广告.psd"图像窗口中，按下 Ctrl+V 键粘贴复制的图像，结果如图 3-10 所示，此时【图层】面板中产生"图层 2"。

　　(6) 按下 Ctrl+T 键添加变换框，然后按住 Shift 键将其等比例放大，并将其移动至合适的位置，如图 3-11 所示。

图 3-10　粘贴复制的城市图像

图 3-11　变换城市图像

(7) 选择工具箱中的橡皮擦工具 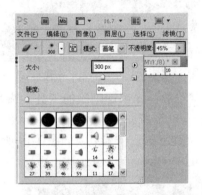，在工具选项栏中设置参数如图 3-12 所示。

(8) 在图像窗口中"城市"图片的上边缘拖动鼠标擦除图像，使两幅图像很好地融合到一起，效果如图 3-13 所示。

图 3-12　橡皮擦工具选项栏

图 3-13　擦除后的图像效果

(9) 单击菜单栏中的【图像】/【调整】/【色相/饱和度】命令(或者按下 Ctrl+U 键)，在弹出的【色相/饱和度】对话框中设置参数如图 3-14 所示。

(10) 单击 ▢确定 按钮，则处理后的背景效果如图 3-15 所示。

图 3-14　【色相/饱和度】对话框

图 3-15　处理后的背景效果

任务三　合并汽车

(1) 打开本书光盘"项目 03"文件夹中的"汽车.jpg"文件，如图 3-16 所示。

(2) 选择工具箱中的钢笔工具 ，在工具选项栏中按下 按钮，设置为"路径"工作模式。

(3) 连续按下 Ctrl + [+] 键，将画面放大显示，在汽车后轮与地面的交汇处单击鼠标，建立第一个锚点，然后在车轮和车身相交处按住鼠标左键不放，向右上方拖动鼠标，使产生的路径与车轮的边缘重合，此时释放鼠标，这时可以看到产生的第二个锚点，并且具有一对方向线，如图 3-17 所示。

图 3-16　打开的图像

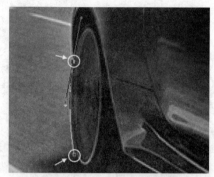

图 3-17　产生的第二个锚点

(4) 在工具箱中的钢笔工具 上按住鼠标左键不放，则出现隐藏的工具，选择其中的转换点工具 ，将上面的一个方向线向左下方拖动，形成如图 3-18 所示的形状。

(5) 再次选择钢笔工具 ，沿着汽车车身向上，建立第三个锚点，如图 3-19 所示。

图 3-18　调整路径的形状

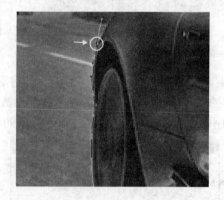

图 3-19　第三个锚点

(6) 用同样的方法，继续沿着汽车的边缘创建路径，但是在钢笔工具 和转换点工具 之间频繁切换非常麻烦。更简单的操作是：使用钢笔工具 创建锚点以后，按住 Alt 键可以调整锚点上的方向线，按住 Ctrl 键可以调整锚点的位置，这样就可以更快速地创建路径。使用这种方法沿汽车的轮廓创建路径，如图 3-20 所示。

(7) 当光标移动至第一个锚点处时，可以看到钢笔光标右下角多了一个小圆圈，此时单击鼠标即可将路径闭合，如图 3-21 所示。

(8) 创建路径以后，单击菜单栏中的【窗口】/【路径】命令，打开【路径】面板，这时可以看到刚刚创建的工作路径，如图 3-22 所示。

(9) 单击【路径】面板下方的 (将路径作为选区载入)按钮(或者按下 Ctrl+Enter 键)，可将工作路径转换为选区，如图 3-23 所示。

图 3-20 创建的路径

图 3-21 闭合路径

图 3-22 创建的工作路径

图 3-23 将路径转换成选区

指点迷津

在 Photoshop 中，路径是虚拟的线条，不能打印输出，它只能用于辅助创建复杂图形或选区，所以常常作为重要的抠图工具。当图形的轮廓比较复杂，而且图形与背景的边界清晰时，就可以使用钢笔工具 ✍ 创建路径，然后将路径转换为选区，则实现了抠图操作，这种方法也称为"路径抠图"。

(10) 参照前面的方法，将选择的汽车图像复制到"汽车杂志广告.psd"图像窗口中，如图 3-24 所示，此时【图层】面板中产生"图层 3"。

(11) 按下 Ctrl+T 键为汽车图像添加变换框，再按住 Shift 键将其等比例放大，并调整到画面的左侧，然后按下回车键确认变换操作，结果如图 3-25 所示。

图 3-24 复制的汽车图像

图 3-25 调整汽车的大小和位置

任务四　绘制道路

上一任务中主要训练了钢笔抠图操作，接下来学习路径的另一功能，即绘图。这一部分我们将使用钢笔绘制一条马路，作为广告的图形要素之一。

(1) 使用钢笔工具  在画布边缘单击鼠标，建立第一个锚点，然后按照道路透视规律创建一个闭合路径，用于绘制马路，结果如图 3-26 所示(为了便于观察，这里隐藏了"图层 2")。

图 3-26　创建的闭合路径

(2) 打开【路径】面板，在面板中双击"工作路径"，在弹出的【存储路径】对话框中单击 ▭确定▭ 按钮，则将工作路径保存为"路径 1"，如图 3-27 所示。

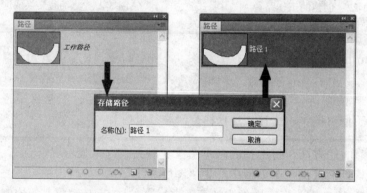

图 3-27　将工作路径保存为"路径 1"

指点迷津

工作路径也是一种路径，当使用钢笔工具 绘制路径时，在【路径】面板中就会出现"工作路径"，该路径是临时的，如果没有存储，当再次使用钢笔工具绘制路径时，新路径将代替现有的工作路径。因此，如果在后面的操作中还会用到该路径，必须将它存储为路径。

(3) 按下 Ctrl+Enter 键，将"路径 1"转换为选区，如图 3-28 所示。

(4) 在【图层】面板中创建一个新图层"图层 4"，如图 3-29 所示。

图 3-28　将路径转换为选区　　　　　　　　图 3-29　创建的新图层

(5) 设置前景色为灰色(CMYK：55，40，40，10)，按下 Alt+Delete 键，用前景色填充选区，然后按下 Ctrl+D 键取消选区，则图像效果如图 3-30 所示(为了观察相对位置关系，这里显示了"图层 2"）。

(6) 在【图层】面板中将"图层 4"调整到汽车所在的"图层 3"的下方，则图像效果如图 3-31 所示。

图 3-30　图像效果　　　　　　　　　　　图 3-31　图像效果

(7) 单击菜单栏中的【滤镜】/【杂色】/【添加杂色】命令，在弹出的【添加杂色】对话框中设置参数如图 3-32 所示。

(8) 单击 确定 按钮，为马路添加杂色，以增强质感，结果如图 3-33 所示。

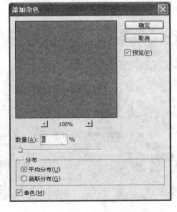

图 3-32　【添加杂色】对话框　　　　　　图 3-33　马路效果

(9) 在【路径】面板中将"路径 1"拖动至 ▣ (创建新路径)按钮上，复制得到"路径 1 副本"，如图 3-34 所示。

(10) 选择工具箱中的直接选择工具 ▸，分别调整路径上各锚点的位置，使路径与道路结合后更有厚度感和透视感，如图 3-35 所示。

图 3-34　复制的路径

图 3-35　调整路径上各锚点的位置

(11) 按下 Ctrl+Enter 键，将调整后的"路径 1 副本"转换为选区，如图 3-36 所示。

图 3-36　将路径转换为选区

(12) 在【图层】面板中创建一个新图层"图层 5"，然后将该层调整到"图层 4"的下方，如图 3-37 所示。

(13) 设置前景色的 CMYK 值为(50，40，40，40)，按下 Alt+Delete 键，用前景色填充选区，然后按下 Ctrl+D 键取消选区，则图像效果如图 3-38 所示。

图 3-37　创建的图层 5

图 3-38　图像效果

(14) 使用钢笔工具 ✐ 在道路的右侧再创建一个闭合路径，如图 3-39 所示(这里隐藏了"图层 2"、"图层 4"和"图层 5")，按下 Ctrl+Enter 键，将工作路径转换为选区。

(15) 在【图层】面板中显示隐藏的图层，然后创建一个新图层"图层 6"，并将该层调整到"图层 5"的下方，如图 3-40 所示。

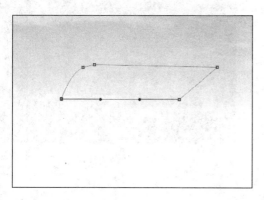

图 3-39　创建的闭合路径

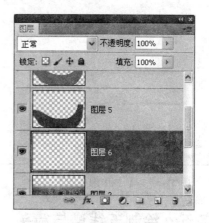

图 3-40　创建的图层 6

指点迷津

　　在使用钢笔工具绘制道路的过程中，由于路径与背景颜色太接近，印刷后看不清楚，所以有的插图中隐藏了相关的图层，目的是为了清晰地观察路径的形态。要显示或隐藏图层，方法很简单：只要在图层前面的"眼睛"处单击鼠标，就可以在"显示"与"隐藏"两种状态之间进行切换。

(16) 按下 Alt+Delete 键，用前景色填充选区，然后按下 Ctrl+D 键取消选区，则图像效果如图 3-41 所示。

(17) 在【图层】面板中复制"图层 6"，得到"图层 6 副本"，如图 3-42 所示。

图 3-41　图像效果

图 3-42　复制的图层

(18) 在【图层】面板中选择"图层 6"为当前图层，选择工具箱中的移动工具 ▶⊕，在图像窗口中将"图层 6"中的图像稍微向左移动。

(19) 单击菜单栏中的【图像】/【调整】/【色相/饱和度】命令，在弹出的【色相/饱和度】对话框中设置合适的参数，如图 3-43 所示。

(20) 单击 确定 按钮，将其明度提高，制作出马路的厚度，最终效果如图 3-44 所示。

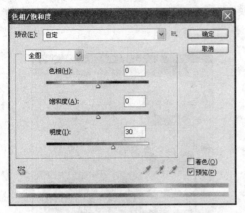

图 3-43 【色相/饱和度】对话框   图 3-44 马路的厚度效果

任务五　绘制五线谱与箭头

路径的使用方法很多，在上一任务中，主要训练了路径与选区之间的转换，然后对选区进行填充，从而实现路径绘图。除此以外，还可以描边路径、填充路径。这一部分将通过完成目标任务，学习路径的新用法。

(1) 选择工具箱中的钢笔工具 ，在画面中通过单击鼠标创建一条开放路径，在结束绘制时，需要按住 Ctrl 键在画面中单击鼠标，这样才能创建开放路径，结果如图 3-45 所示。

图 3-45 创建的开放路径

(2) 选择工具箱中的添加锚点工具 ，在新建的路径上单击鼠标，增加一个锚点，按住并拖动鼠标，使其具有一定的弧度，如图 3-46 所示。

图 3-46 调整路径的形状

(3) 在【图层】面板中创建一个新图层"图层 7"，并将该层调整到"图层 6"的下方，如图 3-47 所示。

　　(4) 设置前景色为白色，选择工具箱中的画笔工具 ，在工具选项栏中设置其大小、硬度如图 3-48 所示。

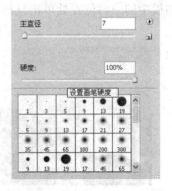

图 3-47　创建的图层 7　　　　　　图 3-48　调整画笔的大小和硬度

指点迷津

　　可以沿路径进行描边的工具很多，所以描边路径之前，一定要正确选择描边工具。当使用画笔工具进行描边时，要先设置画笔的大小、硬度以及颜色等，而画笔的颜色即是前景色。

　　(5) 在【路径】面板中单击 ◎ (用画笔描边路径)按钮，用前景色描边路径，结果如图 3-49 所示。

图 3-49　描边路径

　　(6) 选择工具箱中的直接选择工具 ，选择路径下方的两个锚点，向上移动其位置并调整路径的形状，如图 3-50 所示。

图 3-50　调整路径的位置和形状

(7) 选择工具箱中的画笔工具 ，在【路径】面板中再次单击 （用画笔描边路径）按钮，继续描边路径。

(8) 用同样的方法，多次调整路径形状，并用画笔描边，绘制出五线谱的形状，然后在【路径】面板中的空白位置处单击鼠标，隐藏画面中的路径，则五线谱的效果如图 3-51 所示。

图 3-51　五线谱的效果

(9) 在【图层】面板中创建一个新图层"图层 8"。

(10) 选择工具箱中的自定形状工具 ，在工具选项栏中选择箭头形状，其他选项设置如图 3-52 所示。

图 3-52　自定形状工具选项栏

指点迷津

形状工具有三种绘图方式：单击工具选项栏左侧的 按钮，在图像中绘制形状时将产生一个形状图层；单击 按钮，在图像中绘制形状时将产生新的工作路径；单击 按钮，在图像中绘制形状时将直接在当前图层上创建填充区域。

(11) 按住 Shift 键的同时在画面中拖动鼠标，创建一个箭头形状的路径，结果如图 3-53 所示。

(12) 继续使用 工具在画面中创建多个大小不一的箭头形状路径，使其疏密有致，如图 3-54 所示。

图 3-53　创建箭头形状的路径　　　　图 3-54　创建多个箭头形状的路径

(13) 设置前景色为蓝色(CMYK：100，0，0，0)，在【路径】面板中单击面板右上角的 按钮，在打开的面板菜单中选择【填充路径】命令，如图 3-55 所示。

图 3-55 执行【填充路径】命令

(14) 在弹出的【填充路径】对话框中设置填充内容为"前景色",【羽化半径】为 5 像素,如图 3-56 所示。

图 3-56 【填充路径】对话框

(15) 单击 确定 按钮,用前景色填充路径,然后按下 Esc 键取消路径,则箭头效果如图 3-57 所示。

图 3-57 箭头效果

任务六 最后的综合处理

在设计工作过程中,一般是先把设计需要的各个元素都拖入到设计窗口中,将大体的视觉效果制作出来,然后在整体上、细节上进行综合处理,下面就完成这项任务。

(1) 在【图层】面板中创建一个新图层"图层 9"，将该层调整到"图层 3"的下方，如图 3-58 所示。

(2) 选择工具箱中的多边形套索工具 ，在工具选项栏中设置【羽化】值为 10 px，然后在画面中依次单击鼠标，创建一个多边形选区，如图 3-59 所示。

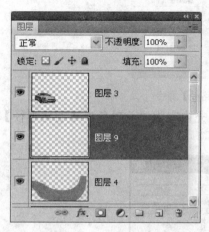

图 3-58　创建的图层 9

图 3-59　创建的多边形选区

指点迷津

　　多边形套索工具 是通过单击鼠标创建选区的，在创建选区之前，如果忘记了设置羽化值，可以通过【羽化】命令来实现，效果是一样的。另外，在使用多边形套索工具创建选区的过程中，如果想撤消上一次或多次单击操作，可以按下 Delete 键来实现，按一次 Delete 键将向前撤消一次。

(3) 设置前景色为黑色(CMYK：0，0，0，100)，按下 Alt+Delete 键，用前景色填充选区，然后按下 Ctrl+D 键取消选区，则图像效果如图 3-60 所示。

(4) 在【图层】面板的最上方创建一个新图层"图层 10"，如图 3-61 所示。

图 3-60　图像效果

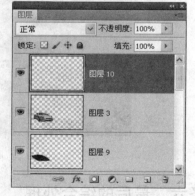

图 3-61　创建的图层 10

(5) 选择工具箱中的矩形选框工具 ，在画面的上方创建一个矩形选区，然后按住 Shift 键在画面的下方再创建一个矩形选区，如图 3-62 所示。

(6) 按下 Alt+Delete 键，用前景色填充选区，然后按下 Ctrl+D 键取消选区，则图像效果如图 3-63 所示。

图 3-62　创建的矩形选区　　　　　　　　　　图 3-63　图像效果

(7) 打开本书光盘"项目 03"文件夹中的"logo.jpg"文件，使用魔棒工具，在画面中的黑色区域单击鼠标，建立选区，然后按下 Shift+Ctrl+I 键将选区反向，则选择了其中的图像和文字，如图 3-64 所示。

(8) 参照前面的方法，将选择的图像复制到"汽车杂志广告.psd"图像窗口中，然后按下 Ctrl+T 键添加变换框，调整图像的大小和位置，结果如图 3-65 所示。

图 3-64　选择的图像和文字　　　　　　　　　图 3-65　调整复制图像的大小和位置

(9) 选择工具箱中的横排文字工具 T，在画面中输入相应的广告文字，并设置适当的字体与大小。最终的汽车杂志广告效果如图 3-66 所示。

图 3-66　汽车杂志广告效果

3.4 知识延伸

知识点一 杂志广告

　　杂志广告的英文为 Magazine Advertising，按其性质可分为专业性杂志、行业性杂志、消费者杂志等，根据适用情况的不同而有所区分，一般采用铜版纸四色印刷，所以在价格上比报纸广告贵。

　　与报纸广告相比，杂志广告的出版周期比不上报纸广告那样频繁与及时，但是在报道深度上又往往超过报纸广告。它具有以下特点：

　　(1) 时效长。杂志是除书籍外的一种具有持久性的媒介。读者会反复阅读，这使得杂志广告与读者的接触机会增多，间接增加了广告信息的传达率，由于杂志保存周期长，所以广告的时效也长。

　　(2) 针对性强。不同的杂志有其特定的读者范围，这使其具有特定的针对性，从广告传播上来说，这种特点有利于明确传播对象，广告可以有的放矢。

　　(3) 深刻性。杂志广告通常每一个广告占据半页、一页或跨页的篇幅，可以对广告内容作较深入细致的介绍，以全面地反映商品或企业的优势。

　　(4) 印制精美。杂志的纸张较好，画面质感细腻，其封面、封底、插页通常使用彩色印刷，图文并茂，无论原作是摄影作品还是绘画作品，都可以充分体现原作效果。

　　杂志广告的版位大致上可以分为封面、封二、封三、封底、扉页以及内页、插页等。不同的版面引起的关注程度是不同的，其中封面和封底的受关注度最高，其广告效应也最强；而在同一版面中，读者的关注度是大比小高，上比下高，横排版面左比右高，竖排版面右比左高。

　　杂志广告的规格以杂志的开本为标准，按开本可以分为大 16 开(210 mm×285 mm)、16 开(185 mm×260 mm)、大 32 开(203 mm×140 mm)、小 32 开(184 mm×130 mm)等。如图 3-67 所示分别为封三、插页(跨页)杂志广告。

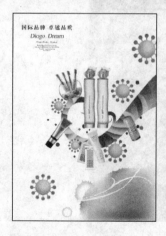

图 3-67　杂志广告案例

知识点二   什么是出血

出血是一个常用的印刷术语。由于在制作印刷成品时需要进行裁切，所以作品的设计尺寸一定要比成品尺寸略大，大出来的边缘在印刷后要裁切掉，这个印刷出来并裁切掉的部分，就称为"出血"或"出血位"。

这样做的目的是避免裁切后的成品露白边或裁到内容，通常"出血位"的标准尺寸为 3 mm，就是沿实际尺寸加大 3 mm 的边。进行平面设计时，作品四周凡有颜色的地方都要向外扩大 3 mm。以大 16 开为例，成品尺寸为 210 mm×285 mm，设置作品尺寸时则要设置为 216 mm×291 mm。如果刚好设置为成品尺寸，则裁切时就可能出现白边，因此在制作时就要求出血。

知识点三   参考线的设置

在设计过程中，参考线可以帮助我们精确定位图像的位置，从而设计出更符合要求的图像作品。提到参考线必然要涉及到标尺，下面就介绍一下与参考线相关的内容。

1. 标尺

单击菜单栏中的【视图】/【标尺】命令，或者反复按快捷键 Ctrl+R，可以显示或隐藏标尺。显示标尺以后，可以看到标尺的坐标原点位于图像窗口的左上角，如图 3-68(a) 所示。如果需要改变标尺原点，可以将光标置于原点处，拖曳鼠标时会出现"十"字线，释放鼠标，则交叉点变为新的标尺原点，如图 3-68(b)所示。改变了原点后，双击水平标尺与垂直标尺的交叉点，则原点变为缺省方式。

   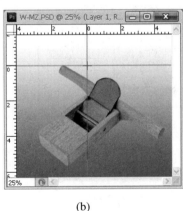

(a)   (b)

图 3-68   设置标尺原点

2. 参考线

参考线是 Photoshop 为我们提供的一个非常有用的辅助工具，利用它可以精确地完成对齐操作。创建参考线有下述两种方法：

(1) 通过标尺创建参考线。

在显示标尺的状态下，将光标指向水平标尺，向下拖曳可以设置水平参考线；将光标指向垂直标尺，向右拖曳可以设置垂直参考线，如图 3-69 所示。

如果要移动参考线，可以选择工具箱中的 工具，将光标移动到参考线上，当光标变为双向箭头形状时拖曳鼠标，这时就可以移动参考线的位置，如图 3-70 所示。

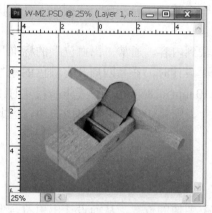
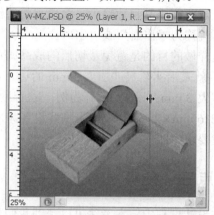

图 3-69 设置参考线　　　　　　　　　图 3-70 移动参考线的位置

以上创建参考线的方法是通过标尺才可以完成的，特点是方便，但是位置往往不够精确。

(2) 使用【新建参考线】命令创建参考线。

单击菜单栏中的【视图】/【新建参考线】命令，将弹出【新建参考线】对话框，首先在【位置】文本框中单击鼠标右键，选择单位，如图 3-71 所示，然后设置【取向】与【位置】的值，如图 3-72 所示，再单击 确定 按钮即可。这样创建的参考线，其位置非常精确。

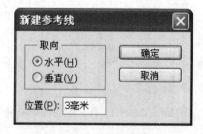

图 3-71 选择单位　　　　　　　　　图 3-72 设置参数

另外，如果要在页面的中间位置创建参考线，则将【位置】的值设置为 50%更为合理，这样就不必计算数值了。

知识点四　关于路径

严格地说，Photoshop 中的路径是一种辅助绘画工具，用钢笔工具勾画出的路径是不能被输出的，只有将路径转换为选区进行描边或填充以后才能形成图像。

1. 路径的作用

在 Photoshop 中，路径可以是一个点、一条线或者是一个封闭的环。路径有以下重要作用：

(1) 可以像矢量软件一样，方便地绘制复杂的图形，如卡通人物、标志等不规则的形状。

(2) 借助路径可以更精确地选择图像。当图像本身的颜色与背景色很接近时，或者图像的形状是流线形时，使用路径来抠取图像是一个不错的选择。

(3) 结合【填充路径】和【描边路径】命令，可创建一些特殊的图像效果。

(4) 路径可以单独作为矢量图输出到其他的矢量图软件中。

(5) 为创建沿路径排列的文字提供支持。

2. 路径的构成

路径是由一条或多条直线或曲线构成的，既可以是封闭的，也可以是不封闭的，线的转折点处是锚点，如图 3-73 所示是路径示意图。

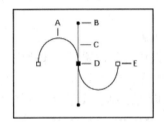

图 3-73　路径示意图

图中，A 是曲线段，B 是方向点，C 是方向线，D 是选择的锚点，E 是未选择的锚点。对路径的调整主要是对锚点的调整，通过调整锚点可以改变路径的形态。锚点有三种形态，如图 3-74 所示。其中：没有方向线的锚点称为角点；有方向线且方向线对称的锚点称为平滑点；有方向线但方向线不对称的锚点称为拐点。

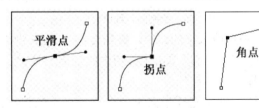

图 3-74　锚点的三种形态

知识点五　路径的创建

路径的创建主要是由钢笔工具来完成的。钢笔工具是一种特殊的工具，使用该工具绘制出来的是不含有任何像素的矢量对象，即路径。钢笔工具主要用来创建各种形态的路径，使用它可以创建直线路径或曲线路径，路径既可以是封闭的，也可以是开放的。

选择工具箱中的钢笔工具 以后，工具选项栏中将显示钢笔工具的各项参数，如图 3-75 所示。

图 3-75　钢笔工具选项栏

➢ 单击 ▢ 按钮，使之凹陷下去，可以创建新的形状图层，路径包围的区域将填充前景色，同时在【图层】面板中产生形状图层。

➢ 单击 ▨ 按钮，可以创建新的工作路径。

➢ 选择【自动添加/删除】选项，创建路径时可以自动添加或删除锚点。

➢ 选择【橡皮带】选项，则在图像中确定了路径的一个锚点后，移动光标时将显示下一个建议的路径段，单击鼠标则变成真正的路径。

1. 绘制直线路径

直线路径的绘制方法最简单，根据需要在图像中单击鼠标就可以完成。绘制直线路径的具体操作步骤如下：

(1) 选择工具箱中的钢笔工具 ▨ 。

(2) 单击工具选项栏中的 ▨ 按钮，并设置工具选项栏中的选项。

(3) 将光标移动到图像中，则光标变为 ▨ 形状，单击鼠标定位路径起始锚点，继续移动并单击鼠标确定其他的锚点，即可绘制直线路径，如图 3-76 所示。

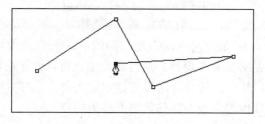

图 3-76　绘制的直线路径

(4) 如果要绘制 45°角、垂直或水平的路径，则需要按住 Shift 键的同时单击鼠标。

(5) 如果要绘制不闭合的路径，可以单击工具箱中的钢笔工具 ▨ ，或者按住 Ctrl 键的同时在路径以外区域单击鼠标。

(6) 如果要绘制闭合路径，则将光标指向第一个锚点处单击鼠标(如果放置的位置正确，光标旁将出现一个小圆圈)。

2. 绘制曲线路径

曲线路径的绘制方法与直线路径的绘制方法不同，具体操作步骤如下：

(1) 选择工具箱中的钢笔工具 ▨ 。

(2) 单击工具选项栏中的 ▨ 按钮，并选择【橡皮带】选项。

(3) 将光标移动到起始位置，按住鼠标左键拖动鼠标，这时沿拖动反方向会出现一个方向线，它的长度与方向决定了下一段曲线路径的形状，当光标移动到适当的位置时释放鼠标，如图 3-77 所示。

(4) 将光标移动到另外一个位置，按住鼠标左键拖动鼠标，同样会出现一个方向线。这时方向线的长度与方向不仅决定下一段曲线路径的形状，也影响上一段曲线路径的形状，如图 3-78 所示。

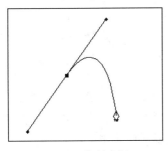　　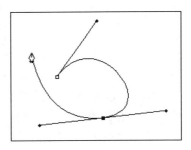

　　　图 3-77　绘制路径　　　　　　　　　　　图 3-78　路径的形状

(5) 将光标移动到另外一个位置，按住 Alt 键同时拖曳鼠标，则可以产生一个带有拐点的曲线路径，如图 3-79 所示。

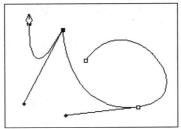

图 3-79　带有拐点的曲线路径

(6) 如果要结束曲线路径的绘制，可以单击工具箱中的钢笔工具 ，或者按住 Ctrl 键的同时在路径以外区域单击鼠标。

(7) 如果要绘制闭合路径，则将光标指向第一个锚点单击鼠标(如果放置的位置正确，光标旁将出现一个小圆圈)。

知识点六　路径的编辑

路径的最大优点就是调整方便，创建了路径后，如果不能满足设计要求，可以对路径进行随意调整，直至满足设计要求为止。Photoshop 提供了强大的路径编辑工具，使用它们可以对路径进行移动、复制、改变形状等操作。

1．添加与删除锚点

添加与删除锚点的操作非常简单，使用 Photoshop 提供的添加锚点工具 和删除锚点工具 即可。添加锚点工具 可以向已存在的路径上添加锚点，以便于对路径进一步调整。删除锚点工具 可以删除路径上多余的锚点，简化路径。

选择添加锚点工具 ，将光标指向路径上要添加锚点的位置，单击鼠标即可添加一个锚点。将光标指向路径上要添加锚点的位置，按下鼠标左键拖动鼠标，可以添加锚点并改变路径形状，如图 3-80 所示。

选择删除锚点工具 ，将光标指向要删除的锚点，单击鼠标即可删除锚点。

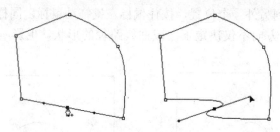

图 3-80 添加锚点

另外，在 Photoshop 中虽然提供了添加锚点工具和删除锚点工具，但是它们的使用并不多。一般情况下，使用钢笔工具就可以完成这种操作。选择钢笔工具✐以后，在路径上单击鼠标可以添加锚点，单击路径上的锚点就可以删除锚点。

2. 转换点工具

转换点工具主要用于调整路径上的锚点，使它们在角点、平滑点和拐点之间进行转换，从而改变路径的形状。调整路径上的锚点的基本操作步骤如下：

(1) 在工具箱中选择转换点工具 ⊾。

(2) 在图像窗口中单击平滑点或拐点，可以将平滑点或拐点转换为角点，如图 3-81所示。

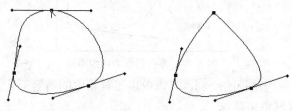

图 3-81 将平滑点转换为角点

(3) 拖动角点，可以将角点转换为平滑点，如图 3-82 所示。

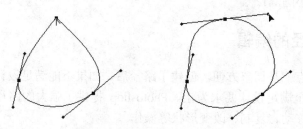

图 3-82 将角点转换为平滑点

(4) 拖动平滑点上的一个方向线，可以将平滑点转换为拐点，如图 3-83 所示。

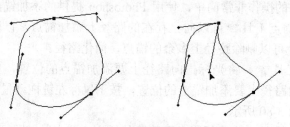

图 3-83 将平滑点转换为拐点

3. 直接选择工具

直接选择工具 可以选择路径上的锚点，调整锚点的位置，局部改变路径的形状，同时具有路径选择工具 的一切功能。基本操作步骤如下：

(1) 选择工具箱中的直接选择工具 。

(2) 将光标指向锚点，单击鼠标可以选择一个锚点；按住 Shift 键的同时单击要选择的锚点，可以选择多个锚点；按住 Alt 键的同时单击路径上的任意锚点，可以选择路径上所有的锚点，即选择了整个路径，如图 3-84 所示。

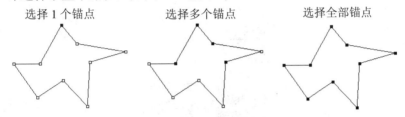

图 3-84 选择锚点

(3) 如果拖动被选择的锚点，则锚点两侧的路径形状会随之变化，如图 3-85 所示。

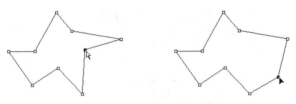

图 3-85 改变路径的形状

(4) 如果选择的锚点是平滑点，锚点的两侧将出现方向线，拖动方向线可以改变曲线路径的弧度。

(5) 如果将光标指向锚点之间的线段拖动鼠标，可以调整该段路径：当锚点之间为直线路径时，两侧的锚点将随路径同时移动；当锚点之间为曲线路径时，则两侧的锚点不动，仅仅曲线路径本身进行拉伸、缩放或弯曲变化。

4. 路径选择工具

路径选择工具主要用于选择、移动、复制路径。基本操作步骤如下：

(1) 选择工具箱中的路径选择工具 。

(2) 将光标指向路径单击鼠标，可以选择该路径，此时路径上所有的锚点都呈实心状态。

(3) 拖曳路径可以移动路径的位置；按住 Alt 键的同时拖曳路径，可以复制路径，如图 3-86 所示。

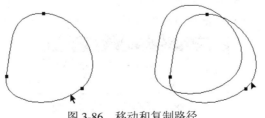

图 3-86 移动和复制路径

知识点七 【路径】面板

使用【路径】面板可以创建、存储和删除路径。单击菜单栏中的【窗口】/【路径】命令，可以打开【路径】面板，如图 3-87 所示。【路径】面板中显示了路径的名称及缩览图。打开图像文件时，与图像一起存储的路径将显示在【路径】面板中。

图 3-87 【路径】面板

> 单击 ⬤ 按钮，可以使用前景色填充路径。
> 单击 ⭕ 按钮，可以使用前景色描绘路径。
> 单击 ⬭ 按钮，可以将路径转换为选区。
> 单击 ◈ 按钮，可以将选区转换为路径。
> 单击 ◻ 按钮，可以建立一个新路径。
> 单击 🗑 按钮，可以删除所选路径。将路径直接拖曳到 🗑 按钮上，也可以删除所选路径。
> 在【路径】面板中单击路径缩览图，可以在图像窗口中显示路径。一次只能显示一个路径。如果要在图像窗口中隐藏路径，可以按住 Shift 键单击路径缩览图。

1. 存储工作路径

当使用钢笔工具或形状工具创建工作路径时，新的路径作为"工作路径"出现在【路径】面板中，该工作路径是临时路径，因此必须保存它以免丢失其内容，如果没有存储便取消了工作路径，再次使用钢笔工具绘制路径时，新路径将代替现有工作路径。

存储工作路径的基本操作方法如下：

> 将工作路径拖曳至【路径】面板中的 ◻ 按钮上，可以存储工作路径。
> 选择【路径】面板菜单中的【存储路径】命令，将弹出【存储路径】对话框，如图 3-88 所示。为路径命名并确认后，可以用新名称存储工作路径。

图 3-88 【存储路径】对话框

2. 路径与选区的转换

在 Photoshop 中，路径和选区之间可以互相转换。将路径转换为选区的基本操作步骤如下：

(1) 在【路径】面板或图像中选择要转换为选区的路径。

(2) 选择【路径】面板菜单中的【建立选区】命令，如图 3-89 所示，或者按住 Alt 键的同时单击面板下方的 按钮，则弹出【建立选区】对话框，如图 3-90 所示。

图 3-89　执行【建立选区】命令　　图 3-90　【建立选区】对话框

(3) 在对话框中进行选项设置。

➢ 【羽化半径】：用于设置将路径转换为选区后的羽化值。

➢ 【消除锯齿】：用于设置选区是否产生抗锯齿效果。

➢ 【操作】：用于设置建立选区的方式。

(4) 单击 确定 按钮，即可将所选的路径转换为选区。在实际工作过程中，将路径转换为选区的最快捷方法是按下 Ctrl＋Enter 键。

如果需要将选区转换为路径，可以按如下步骤进行操作：

(1) 在图像窗口中建立选区。

(2) 选择【路径】面板菜单中的【建立工作路径】命令，或者按住 Alt 键的同时单击面板中的 按钮，则弹出【建立工作路径】对话框，如图 3-91 所示。

图 3-91　【建立工作路径】对话框

(3) 在【容差】文本框中输入容差值，然后单击 确定 按钮，则【路径】面板中将出现转换后的工作路径。

3. 填充路径

创建了路径后，还可以对路径进行填充，如填充颜色、图案等。填充路径的基本操作步骤如下：

(1) 在【路径】面板中选择要填充的路径。

(2) 选择【路径】面板菜单中的【填充路径】命令，如图 3-92 所示，或者按住 Alt 键的同时单击面板下方的 按钮，将弹出【填充路径】对话框，如图 3-93 所示。

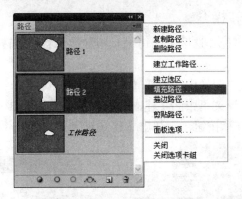

图 3-92　执行【填充路径】命令

图 3-93　【填充路径】对话框

(3) 在对话框中进行适当的设置，然后单击 确定 按钮，即可用指定的内容填充路径。

➤ 在【使用】下拉列表中可以选择要填充的内容。选择【图案】选项时，可以在【自定图案】选项中选择所需的图案。

➤ 在【模式】选项中设置填充的混合模式。

➤ 在【不透明度】选项中设置填充的不透明度。

➤ 如果只需要填充包含像素的图层区域，可以选择【保留透明区域】选项。

➤ 在【羽化半径】文本框中输入数值，可以使填充具有羽化边缘。

➤ 选择【消除锯齿】选项，可以使填充选区的边缘像素平滑过渡。

4. 描边路径

使用【描边路径】命令可以描绘路径，从而得到所需要的线条。描边路径的基本操作步骤如下：

(1) 在【路径】面板中选择要描边的路径。

(2) 选择【路径】面板菜单中的【描边路径】命令，或者按住 Alt 键的同时单击面板下方的 按钮，则弹出【描边路径】对话框，如图 3-94 所示。

(3) 在【工具】下拉列表中可以选择要使用的工具，然后单击 确定 按钮，将使用前景色为路径描边。

图 3-94　【描边路径】对话框

指点迷津

　　选择【路径】面板中的路径后，如果直接单击面板下方的 ◯ 按钮，将使用当前的绘画工具或编辑工具进行描边，而且每单击一次该按钮，都会加深描边的不透明度。选择【路径】面板中的路径后，如果直接单击 ● 按钮，将使用前景色填充路径而不弹出对话框。

知识点八　形状工具组

　　Photoshop 中的形状工具借鉴了矢量软件的绘图特点，可以直接在图像中绘制矩形、圆角矩形、椭圆、直线和多边形等图形，使用形状工具绘制出来的图形实际上就是剪贴路径，因此它具有矢量性质。

　　默认情况下，绘制出来的图形以前景色填充，用户可以根据需要修改它的颜色，也可以填充渐变色、图案等。

　　形状工具包括矩形工具 ■、圆角矩形工具 ■、椭圆工具 ●、多边形工具 ●、直线工具 ╱ 和自定形状工具 ✿。

1. 不同的绘图方式

　　在 Photoshop 中，形状工具存在三种不同的绘图方式，即形状方式、路径方式和填充方式。在使用形状工具时，首先要确定绘图方式。

　　在任何一种形状工具的选项栏中都有一组 ▢▨▢ 按钮，它们控制着不同的绘制方式。单击其中的任何一个按钮，当其呈现凹陷状态时，即表示选择了该种绘制方式。

　　➤　形状方式：单击 ▢ 按钮，使其呈现凹陷状态，这时将以形状方式绘制图形。
　　　　使用该方式绘制图形时，【图层】面板中将自动生成一个形状图层，如图 3-95
　　　　所示。【路径】面板中自动生成一个"矢量蒙版"路径，如图 3-96 所示。

图 3-95　生成的形状图层　　　　　图 3-96　生成的"矢量蒙版"路径

➢ 路径方式：单击 按钮，使其呈现凹陷状态，这时在图像中绘制的是路径。使用该方式绘制图形时，【图层】面板不产生变化，而【路径】面板中自动生成了一个"工作路径"，如图 3-97 所示。

图 3-97　生成的工作路径

➢ 填充方式：单击 按钮，使其呈现凹陷状态，这时将以填充像素的方式绘制图形。使用该方式绘制图形时，图形将以颜色填充的方式直接覆盖在当前图层上，如图 3-98 所示。

图 3-98　填充方式绘制图形

2. 直线工具

使用直线工具 可以绘制直线、带箭头的直线等，使用方法与上述形状工具相同，其工具选项栏如图 3-99 所示。

图 3-99　直线工具选项栏

➢ 选择【起点】或【终点】选项，可以绘制带箭头的直线，即起点、终点或两端带箭头的直线，如图 3-100 所示。

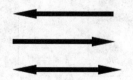

图 3-100　绘制带箭头的直线

➢ 在【宽度】和【长度】文本框中输入相应的值，可以指定箭头的宽度和高度与直线宽度的百分比。

➢ 在【凹度】文本框中输入相应的值，可以设置箭头的凹度与长度的百分比，如图 3-101 所示为不同凹陷程度的箭头。

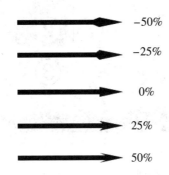

图 3-101　不同凹陷程度的箭头

3. 自定形状工具

使用自定形状工具 可以绘制出更多的图案，用户可以从各种预设形状中选择图案，也可以自己定义形状。

在工具箱中选择自定形状工具 ，然后在工具选项栏中选择系统预设的图形，并设置合适的选项，如图 3-102 所示，在画面中拖曳鼠标，就可以绘制所需的图形。

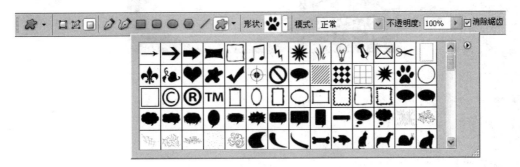

图 3-102　自定形状工具选项栏

3.5　项目实训

设计制作一个建筑公司的宣传单页，用于房产交易会时免费发放，要求将提供的 3 幅素材图片合成到一起，构成单页的主画面，抠图干净利索，与背景自然融合。

任务分析：钢笔抠图是 Photoshop 的基本功之一，本项目主要训练了钢笔工具的使用。操作时需要使用钢笔工具将素材图片中的大楼抠出来，然后合成为一个广告画面。

任务素材：

光盘位置：光盘\项目 03\实训。

参考效果：

光盘位置：光盘\项目 03\实训。

中文版 Photoshop CS5 工作过程导向标准教程……

设计制作地产宣传单页

4.1 项 目 说 明

某地产开发商欲开发一居民小区，定名为"凤凰城"，为了搞好市场营销，扩大对楼盘的前期宣传，要求广告公司设计制作一批宣传单页，以便在房产交易会上向购房者派发。宣传单页要求设计美观，体现出小区的优势。

4.2 项 目 分 析

宣传单页是设计人员经常遇到的一类设计项目，房地产广告更是广告行业中一个比较大的门类。有的广告公司专门做房地产广告，使得房地产广告似乎要脱离出普通广告的范畴，成为一个单独的行业。通常情况下，房地产广告要求文字优美，体现房产的各个优势，使消费者一目了然，画面要处理得美观舒适，有意境。本项目的实施过程中，要注意以下问题。

第一，地产广告的特点，要求体现时尚、前卫、和谐、人文环境等，一般都要有精美的文案。

第二，单页尺寸为 210 mm×285 mm，设计时要预留出出血位。

第三，由于需要批量印刷，所以设置文件的颜色模式应为 CMYK 模式，分辨率应为 300 ppi。

4.3 项 目 实 施

本项目的文案、LOGO、图片等均由客户提供，所以，必须在此基础上进行创意设计，体现地产广告应有的特点。该项目的最终参考效果如图 4-1 所示。

图 4-1 地产宣传单页参考效果

任务一 绘制地图

(1) 启动 Photoshop 软件。

(2) 单击菜单栏中的【文件】/【新建】命令,在弹出的【新建】对话框中设置参数如图 4-2 所示。

图 4-2 【新建】对话框

(3) 单击 [_____确定_____] 按钮,创建一个新文件。

(4) 选择工具箱中的钢笔工具 ✐,在工具选项栏中按下 ✐ 按钮,设置为"路径"工作模式,然后在画面中创建两条开放的路径,如图 4-3 所示。

指点迷津

　　绘制路径时,如果要结束一段路径的绘制,需要按住 Ctrl 键在图像窗口中单击鼠标,然后再重新绘制,这样就可以形成两段开放的路径了。

(5) 设置前景色的 CMYK 值为(40,60,100,5),选择工具箱中的画笔工具 ✐,在工具选项栏中设置参数如图 4-4 所示。

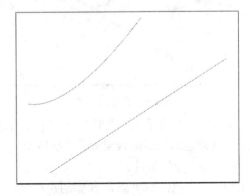

图 4-3 创建的路径

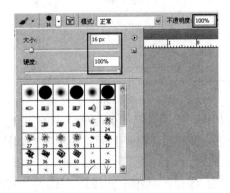

图 4-4 画笔工具选项栏

(6) 在【路径】面板中单击 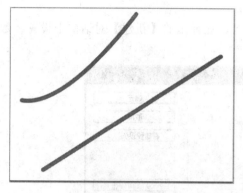 (用画笔描边路径)按钮，结果如图 4-5 所示。

(7) 用同样的方法，再创建两条开放的路径，并且使用路径选择工具 选择它们，如图 4-6 所示。

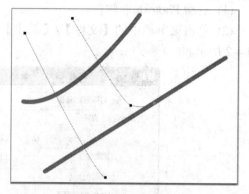

图 4-5　描边路径　　　　　　　　　　图 4-6　选择的路径

(8) 选择工具箱中的画笔工具 ，在工具选项栏中将【大小】设置为 12 px，其他参数不变，然后在【路径】面板中单击 (用画笔描边路径)按钮，则描边路径后的效果如图 4-7 所示。

指点迷津

　　设置画笔的【大小】时，可以在画面中单击鼠标右键，在弹出的选项板中进行设置，也可以按 Ctrl + 【或 Ctrl + 】键，快速加粗或减细画笔大小。

(9) 用同样的方法，继续创建两条开放的路径，并且使用路径选择工具 选择它们，如图 4-8 所示。

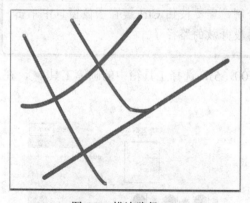
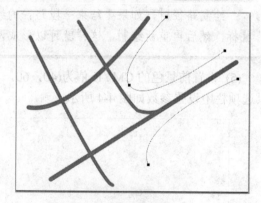

图 4-7　描边路径　　　　　　　　　　图 4-8　选择的路径

(10) 选择工具箱中的画笔工具 ，在工具选项栏中将【大小】设置为 3 px，其他参数不变，然后在【路径】面板中单击 按钮，则描边路径后的效果如图 4-9 所示。

(11) 打开本书光盘"项目 04"文件夹中的"logo.jpg"文件。

(12) 选择工具箱中的魔棒工具 ，在画面中的白色区域处单击鼠标创建选区，然后按下 Shift+Ctrl+I 键将选区反向，选择其中的 logo 部分，如图 4-10 所示。

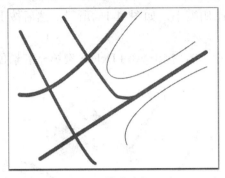

图 4-9　描边路径

图 4-10　选择 logo 部分

(13) 按下 Ctrl+C 键复制选择的图像，将其粘贴到"地图.psd"图像窗口中，然后按下 Ctrl+T 键将其等比例缩小，调整其位置如图 4-11 所示。

(14) 在【图层】面板中创建一个新图层，然后选择工具箱中的椭圆选框工具 ，在画面中拖动鼠标，创建一个椭圆形选区，如图 4-12 所示。

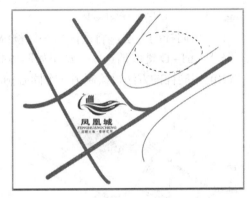

图 4-11　调整后的效果

图 4-12　创建的选区

(15) 单击菜单栏中的【选择】/【变换选区】命令，为选区添加变换框，然后将光标置于变换框外侧拖动鼠标，旋转选区，如图 4-13 所示，按下回车键确认旋转操作。

(16) 设置前景色为淡青色(CMYK：40，5，5，0)，按下 Alt+Delete 键填充前景色，结果如图 4-14 所示。

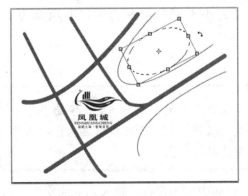

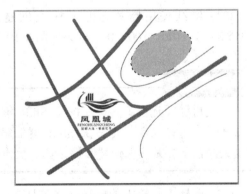

图 4-13　旋转选区

图 4-14　图像效果(前景色为淡青色)

(17) 单击菜单栏中的【选择】/【变换选区】命令，为选区添加变换框，按住 Alt+Shift

键拖动变换框任何一角端的控制点，将选区等比例缩小，如图 4-15 所示，然后按下回车键确认变换操作。

(18) 设置前景色为青色(CMYK：75，25，0，0)，按下 Alt+Delete 键填充前景色，结果如图 4-16 所示。

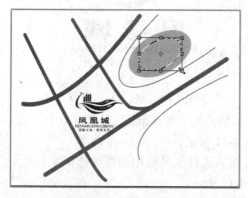
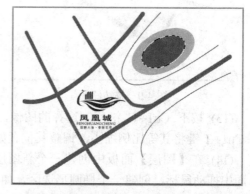

图 4-15　缩小选区　　　　　　　　　图 4-16　图像效果(前景色为青色)

(19) 用同样的方法，将选区再等比例缩小，并填充深青色(CMYK：85，50，0，0)，然后按下 Ctrl+D 键取消选区，结果如图 4-17 所示。

(20) 用同样的方法再绘制另一个同心椭圆形，填充一样的颜色，结果如图 4-18 所示。

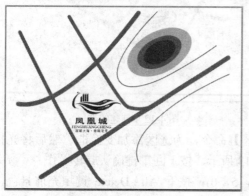
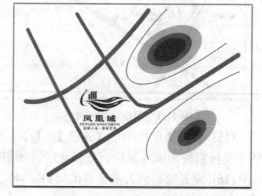

图 4-17　图像效果(前景色为深青色)　　　　　图 4-18　新绘制的椭圆形

(21) 继续使用椭圆选框工具 🔾 创建三个大小不同的圆形选区，并填充为红色(CMYK：0，100，100，0)，效果如图 4-19 所示。

🔍 指点迷津

　　使用椭圆选框工具时，按住 Shift 键拖动鼠标可以创建圆形选区，但是当创建了第一个选区以后，再按住 Shift 键继续创建选区时，这时是添加选区操作，Shift键的功能不再是确保创建圆形选区，操作时要注意这一点。

(22) 选择工具箱中的横排文字工具 **T**，在画面中单击鼠标，输入相应的文字，结果如图 4-20 所示。

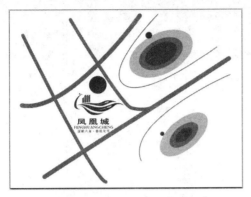
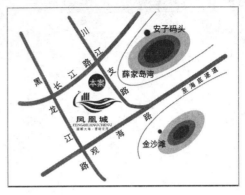

图 4-19　创建三个圆形选区　　　　　　图 4-20　输入的文字

指点迷津

　　在实施项目的过程中，可以将项目中出现的设计元素分别制作，例如本例中先绘制了一个"地图"，这样可以实现多人分工合作，从而提高工作效率。在完成绘制以后，需要将文件保存起来，以备后面调用。

任务二　制作单页画面

　　(1) 单击菜单栏中的【文件】/【新建】命令，在弹出的【新建】对话框中设置参数如图 4-21 所示。

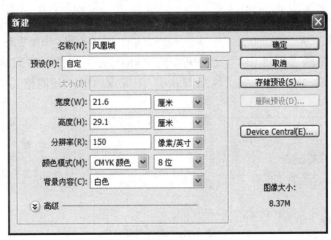

图 4-21　【新建】对话框

　　(2) 单击　确定　按钮，创建一个新文件。

　　(3) 依照前面设置出血线的方法创建四条参考线，确定出血线的位置，如图 4-22 所示。

　　(4) 在水平方向上 1.3 cm、20.3 cm 处创建两条竖直参考线，在竖直方向上 1.3 cm、27.8 cm 处创建两条水平参考线，作为画面内容的边距(这里设置的边距为 1 cm，即到出血线的距离为 1 cm)，如图 4-23 所示。

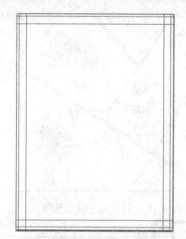

图 4-22　出血线的位置　　　　　　　　　图 4-23　创建的参考线

　　(5) 选择工具箱中的矩形选框工具 ⬚ ，在图像窗口中参照参考线创建一个矩形选区，如图 4-24 所示。

　　(6) 在【图层】面板中创建一个新图层，设置前景色为淡黄色(CMYK：0，5，15，0)，按下 Alt＋Delete 键，用前景色填充选区，然后按下 Ctrl＋D 键取消选区，结果如图 4-25 所示。

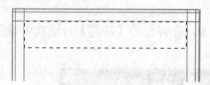

图 4-24　创建的选区　　　　　　　　　图 4-25　图像效果

　　(7) 打开本书光盘"项目 04"文件夹中的"logo.jpg"文件，参照前面的方法，选择其中的 LOGO 图案，将其复制到"凤凰城.psd"图像窗口中，并调整其大小与位置，如图 4-26 所示。

图 4-26　图像效果

　　(8) 选择工具箱中的直线工具 ✎ ，在工具选项栏中按下 □ (填充像素)按钮，设置【粗细】为 3 px，如图 4-27 所示。

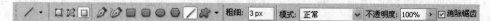

图 4-27　直线工具选项栏

　　(9) 设置前景色的 CMYK 值为(0，100，100，30)，在画面中水平拖动鼠标，绘制一条如图 4-28 所示的直线。

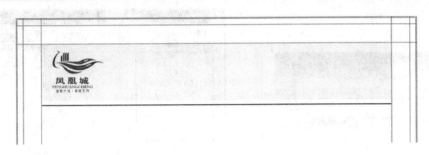

图 4-28　绘制的直线

(10) 打开本书光盘"项目 04"文件夹中的"阳台.jpg"文件，如图 4-29 所示。

(11) 参照前面的方法将其复制到"凤凰城.psd"图像窗口中，然后按下 Ctrl+T 键添加变换框，适当调整其大小与位置，结果如图 4-30 所示。

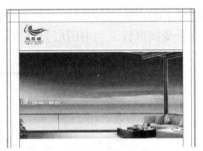

图 4-29　打开的图像　　　　　　　　图 4-30　调整后的图像效果

(12) 继续使用直线工具 ╱ 在阳台图片的下方绘制一条红色的直线，结果如图 4-31 所示。

(13) 选择工具箱中的矩形选框工具 ⬚，在图像窗口中创建一个矩形选区，如图 4-32 所示。

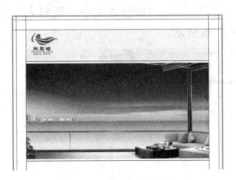
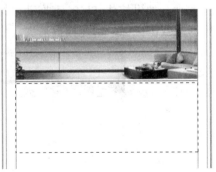

图 4-31　绘制的红线　　　　　　　　图 4-32　创建的选区

(14) 在【图层】面板中创建一个新图层，设置前景色为淡黄色(CMYK：0，5，15，0)。按下 Alt+Delete 键，用前景色填充选区，然后按下 Ctrl+D 键取消选区，则图像效果如图 4-33 所示。

(15) 单击菜单栏中的【文件】/【置入】命令，在弹出的【置入】对话框中选择本书光盘"项目 04"文件夹中的"底纹.ai"文件，单击 置入(P) 按钮，则弹出【置入 PDF】对话框，如图 4-34 所示。

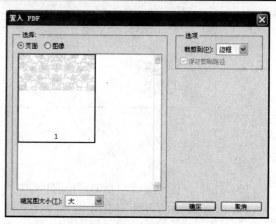

图 4-33　图像效果　　　　　　　　　　　　图 4-34　【置入 PDF】对话框

(16) 单击 确定 按钮即可将底纹置入，这时可以发现置入之后的图形带有一个变换框，这个变换框代表当前图层为"智能对象图层"，如图 4-35 所示。

图 4-35　置入的底纹

(17) 与自由变换工具一样，将光标放在四个角端的控制点上拖动鼠标，可以调整置入图形的大小，如果按住 Shift 键拖动鼠标，则可以等比例调整其大小。调整大小与位置后，在图形内双击鼠标，则变换框消失，如图 4-36 所示。

图 4-36　调整后的底纹效果

(18) 单击菜单栏中的【图层】/【栅格化】/【智能对象】命令，将当前智能对象图层栅格化，即转换为普通图层。

(19) 使用矩形选框工具 再创建一个矩形选区，选择遮住图片的花纹，然后按下 Delete 键将其删除，结果如图 4-37 所示。

图 4-37　删除后的效果

(20) 打开本书光盘"项目 04"文件夹中的"1.jpg"文件,这是该房产的周边环境,如图 4-38 所示。

(21) 参照前面的方法将其复制到"凤凰城.psd"图像窗口中,然后按下 Ctrl+T 键调整其大小与位置,结果如图 4-39 所示。

图 4-38　打开的图像

图 4-39　调整后的图像效果

(22) 用同样的方法,将本书光盘"项目 04"文件夹中的"2.jpg"、"3.jpg"、"4.jpg"图像打开,然后复制到"凤凰城.psd"图像窗口中并调整大小,结果如图 4-40 所示。

图 4-40　图像效果

(23) 参照前面的方法,使用直线工具 ∕ 在四张图片的上方与下方分别绘制一条红色的直线,结果如图 4-41 所示。

图 4-41　绘制的直线

(24) 使用矩形选框工具 ⬚ 在画面中创建一个矩形选区,如图 4-42 所示。

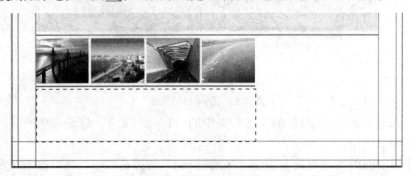

图 4-42　创建的选区

(25) 在【图层】面板中创建一个新图层,设置前景色的 CMYK 值为(20,50,100,30),按下 Alt+Delete 键,用前景色填充选区,然后按下 Ctrl+D 键取消选区,则图像效果如图 4-43 所示。

(26) 打开前面制作的"地图.psd"文件,按下 Ctrl+A 键全选图像,然后按下 Shift+Ctrl+C 键合并拷贝选择的图像,将其粘贴到"凤凰城.psd"图像窗口中,并调整其大小与位置,结果如图 4-44 所示。

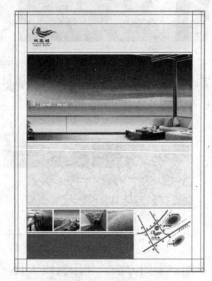

图 4-43　图像效果　　　　　　　　　　　图 4-44　图像效果

(27) 单击菜单栏中的【图层】/【拼合图像】命令,合并所有的图层。

任务三　添加文字信息

本项目的文案由地产公司提供,保存在本书光盘"项目 04"文件夹中,用户可以直接打开复制其中的文字,这样将大大提高工作效率。

(1) 使用 Word 软件打开本书光盘"项目 04"文件夹中的"文案.doc"文件,选择并复制其中的前两段文字,如图 4-45 所示。

凤凰城占地面积 20000 平方米，总建筑面积 41000 平方米，是中国近海少有的山海景观住宅社区，不仅满足业主对高品质生活的向往，更为业主提供广阔的沟通平台、人性化的情感空间。

社区交通便利，配套完善，自然条件优越，南邻滨海大道和沙滩，向东延伸至海底隧道，拥有 3500 米海滨景观线，山海相连，景色秀美，360 度独享国家级风景旅游资源，一生典藏，全家共享。

图 4-45　选择并复制的文字

(2) 切换到 Photoshop 软件的 "凤凰城.psd" 图像窗口中，选择工具箱中的横排文字工具 T，在工具选项栏中设置参数如图 4-46 所示。

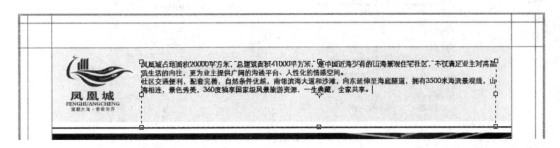

图 4-46　文字工具选项栏

(3) 在画面中拖动鼠标，创建一个文本限定框，然后按下 Ctrl+V 键将复制的文字粘贴到文本限定框中，如图 4-47 所示。

图 4-47　粘贴复制的文字

(4) 切换到工具箱中的移动工具，然后在【字符】面板和【段落】面板中分别设置各项参数，如图 4-48 所示。

图 4-48　【字符】面板和【段落】面板

(5) 切换到刚才打开的 Word 窗口中，选择如图 4-49 所示的这段文字，然后按下 Ctrl+C 键复制。

(6) 切换回 Photoshop 窗口中，使用横排文字工具 T 在画面中拖动鼠标，创建一个适当大小的文本限定框，并按下 Ctrl+V 键将刚才复制的文本粘贴到文本限定框内，如图 4-50 所示。

我有一所房子,面朝大海,阳光明媚
从明天起,和每一个亲人通信
告诉他们我的幸福
3500 米金沙滩,天然海水浴场
落霞与鸥鹭齐飞
山水共长天一色

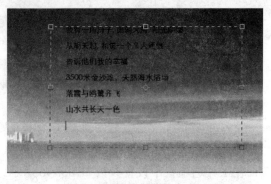

图 4-49　选择的文字　　　　　　　　图 4-50　粘贴复制的文字

（7）单击工具选项栏中的 ✔ 按钮结束文本输入，然后在【字符】面板中设置文字颜色为白色，在【段落】面板中设置对齐方式为"居中"对齐，其他参数如图 4-51 所示。

图 4-51　【字符】面板和【段落】面板

（8）使用移动工具 将文字移动到阳台图片的中心位置，如图 4-52 所示。

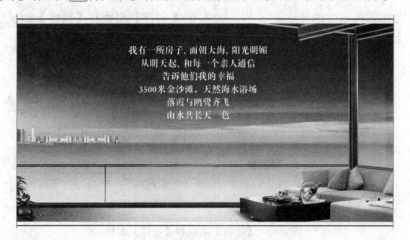

图 4-52　调整文字的位置

（9）选择工具箱中的横排文字工具 T ，在画面中单击鼠标，输入文字"距市区十分钟车程 房价减半"，单击工具选项栏中的 ✔ 按钮结束文字的输入。

（10）在【字符】面板中设置文字颜色的 CMYK 值为(0，100，100，0)，设置其他参数如图 4-53 所示，然后调整文字的位置如图 4-54 所示。

图 4-53 【字符】面板　　　　　　　　　　　图 4-54　输入的文字

(11) 单击工具选项栏中的 (创建文字变形)按钮，在弹出的【变形文字】对话框中设置参数如图 4-55 所示。

(12) 单击 确定 按钮，则文字效果如图 4-56 所示。

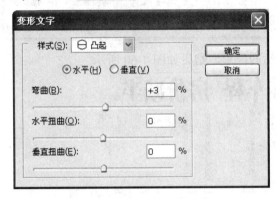

图 4-55 【变形文字】对话框　　　　　　　　图 4-56　文字效果

(13) 切换到 Word 窗口中，选择并复制如图 4-57 所示的文字。

(14) 切换到 Photoshop 窗口中，使用直排文字工具 在画面中拖动鼠标，创建一个文本限定框，按下 Ctrl＋V 键将复制的文字粘贴进来，如图 4-58 所示。

距市区十分钟车程　房价减半
谁说海景房一定要过万？
谁说高档社区一定很贵？
其实，
海景房并不都是贵的
来凤凰城吧，
给爱安一个家！
阳光、沙滩、海景雅居
让心灵散步、眼睛旅行

图 4-57　文字编辑　　　　　　　　　　　　图 4-58　粘贴复制的文字

(15) 单击工具选项栏中的 按钮，结束文本输入，然后在【字符】面板中设置文字颜色的 CMYK 值为(0，0，0，100)，并设置字体、大小、行间距等参数；在【段落】面板中设置对齐方式为"顶端"对齐，如图 4-59 所示。

图 4-59 【字符】面板和【段落】面板

指点迷津

在 Photoshop 中输入文字时，会自动产生一个文字图层，此时紧接着再次输入其他文字时，一定要先输入文字，后设置文字格式；否则，设置文字格式时会影响到上一次输入的文字。解决这个问题有两个办法：一是先建立一个新图层，再输入文字；二是先不管文字格式，输入后重新设置文字格式。

(16) 使用移动工具 将文字移动到合适的位置，结果如图 4-60 所示。

图 4-60 文字效果

(17) 选择工具箱中的直线工具 ，在工具选项栏中按下 (填充像素)按钮，设置【粗细】为 2 px，如图 4-61 所示。

图 4-61 直线工具选项栏

(18) 在【图层】面板中创建一个新图层"图层 1"，设置前景色的 CMYK 值为(0，100，100，30)，在画面上垂直拖动鼠标，绘制一条如图 4-62 所示的直线。

图 4-62 绘制的直线

(19) 按下 Ctrl+J 键复制"图层 1"，然后按下 Ctrl+T 键添加变换框，连续敲击向左的方向键←，平移复制线条，位置如图 4-63 所示。

图 4-63　平移复制线条

(20) 按下回车键确认变换操作，然后按住 Alt+Shift+Ctrl 键，连续敲击 T 键 7 次，重复复制该线条，结果如图 4-64 所示。

图 4-64　复制的线条

(21) 将"图层 1"及其所有的副本图层合并为一层，并重新命名为"图层 1"。

(22) 切换到 Word 窗口中，选择如图 4-65 所示的文字并按下 Ctrl+C 键复制文字。

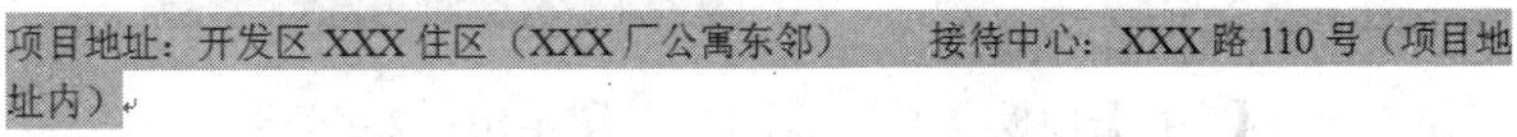

项目地址：开发区 XXX 住区（XXX 厂公寓东邻）　　　接待中心：XXX 路 110 号（项目地址内）

图 4-65　选择并复制文字

(23) 切换到 Photoshop 窗口中，选择工具箱中的横排文字工具 T，在画面中单击鼠标，按下 Ctrl+V 键将文字内容粘贴进来，然后按下 Ctrl+Enter 键结束文字的输入。

(24) 在【字符】面板中设置文字颜色为白色，文字间距为 –50，字体与大小设置如图 4-66 所示，然后在画面中调整文字的位置如图 4-67 所示。

图 4-66　【字符】面板

图 4-67　文字效果

(25) 用同样的方法，输入开发商与建筑设计信息，并设置适当的字体、大小与颜色，结果如图 4-68 所示。

图 4-68 文字效果

(26) 继续使用横排文字工具 **T** 输入文字"抢购热线：0001-8000 8008"，然后在【字符】面板中设置文字参数如图 4-69 所示，其中文字高度设置为 200%，文字的位置与效果如图 4-70 所示。

图 4-69 【字符】面板   图 4-70 文字效果

(27) 继续使用横排文字工具 **T** 在画面的右下角输入"销售许可证号：琴房注 0101 号"，并设置合适的字体、大小，如图 4-71 所示。

至此，完成了整个地产宣传单页的设计制作，最终效果如图 4-72 所示。

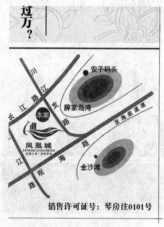

图 4-71 输入的文字   图 4-72 地产宣传单页效果

4.4　知　识　延　伸

知识点一　单页的设计

　　单页的设计更注重设计的形式，要求在有限的空间表现出海量的内容。最常见的单页是产品单页、房产单页、促销单页等。大多数单页设计都采用正面是产品广告，背面是产品介绍的形式。在设计单页时，我们可以根据需要将作品进行适当的拆分，形成一定的版式。通常情况下，可以将版式分为上下版式和左右版式，然后在此基础上进行变化，使版面更加灵活。如图 4-73 所示为版式划分示意。

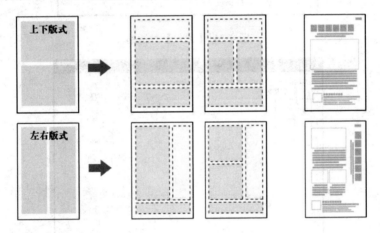

图 4-73　单页的版式设计

　　房产单页设计一般根据房地产的楼盘销售情况做出相应的设计，例如：房产开盘用、形象宣传用、楼盘特点用等。此类单页设计要求体现时尚、前卫、和谐、人文环境、居住条件等。

　　单页的尺寸一般为 210 mm×285 mm，但是要记住，单页一般是需要印刷的，所以设计时别忘了计算出血，颜色应为 CMYK 模式。

知识点二　置入文件

　　对于某些特殊的文件格式，可以使用【置入】命令将其作为一个新图层导入到当前文件中。在 Photoshop 中，可以置入的文件格式包括 PDF、AI 和 EPS 文件。置入文件的操作步骤如下：

　　(1) 首先建立或打开一幅图像文件。

　　(2) 单击菜单栏中的【文件】/【置入】命令，则弹出【置入】对话框，如图 4-74 所示，该对话框与【打开】对话框类似，文件列表中显示了可以置入的文件。

　　(3) 从文件列表中选择一个文件，这里选择"xn.ai"文件。

　　(4) 单击 置入(P) 按钮，则弹出【置入 PDF】对话框，如图 4-75 所示。

图 4-74 【置入】对话框

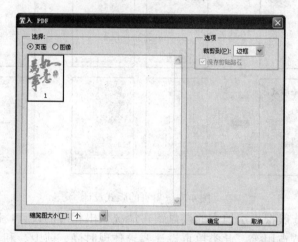

图 4-75 【置入 PDF】对话框

(5) 单击 确定 按钮，则矢量图形被置入到当前图像窗口中，如图 4-76 所示。

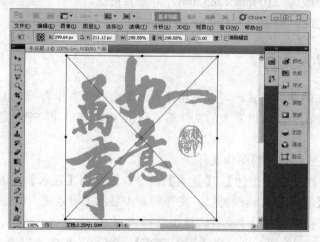

图 4-76 置入的图形

（6）置入到图像窗口中的图形周围有一个变换框，并保持原始的长宽比。通过周围的控制点可以调整置入的图形，如旋转、缩放、斜切、压缩等。

（7）在置入的图形上双击鼠标，则完成置入操作，这时置入的图形变为智能对象。

知识点三　图层的类型

在 Photoshop 中，可以将图层分为七种类型，分别是：背景图层、普通图层、文字图层、形状图层、填充图层、调整图层和智能对象图层。

1. 背景图层

每次新建 Photoshop 文件时，系统会自动建立一个背景图层，这个图层是被锁定的，位于最底层。背景图层不能修改不透明度、混合模式，不能使用图层样式，不能调整其排列次序。但是有一点需要注意，在创建新文件时，如果设置【背景内容】为"透明"，则新建的文件没有背景图层，如图 4-77 所示。

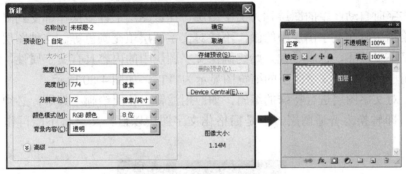

图 4-77　透明背景方式建立新文件

背景图层可以转换为普通图层，其方法是在【图层】面板中双击背景图层，打开【新建图层】对话框，如图 4-78 所示，单击 确定 按钮，则【图层】面板中的背景图层就转换成了普通图层。

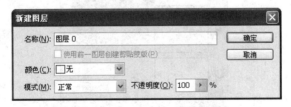

图 4-78　【新建图层】对话框

2. 普通图层

普通图层是指用于绘制、编辑图像的一般图层，在普通图层中可以随意地编辑图像，在没有锁定图层的情况下，任何操作都不受限制。

在【图层】面板中，通过单击 按钮创建的图层就是普通图层，如图 4-79 所示。普通图层的缩览图中显示了该层中的图像内容。另外，通过 Ctrl＋V 键粘贴图像时，也产生普通图层。

图 4-79　普通图层

3. 文字图层

输入文字时自动产生的图层称为文字图层，在该图层上许多操作都受到限制，例如，不能使用绘画工具在文字图层中绘画，不能对文字图层填充颜色等。这种图层的最大作用是保护文字不受破坏，也就是说，始终确保文字图层中的内容具有文字属性，随时都可以进行字体属性的编辑。文字图层的缩览图显示为"**T**"，如图 4-80 所示。

如果要对文字图层进行特殊的编辑，如应用滤镜、使用绘画工具等，必须先将文字图层栅格化，即转换为普通图层。但是栅格化文字图层以后，文字将不能再作为文本进行编辑。

图 4-80　文字图层

4. 形状图层

当使用钢笔工具、形状工具时，如果在工具选项栏中选择了"形状"工作模式，这时就会产生形状图层。该类型的图层由两部分构成，一部分是图层本身，一部分是矢量图形蒙版，如图 4-81 所示。也就是说，使用形状工具绘出的图形可以理解为是由图层蒙版产生的图形，只不过这种图层蒙版是矢量的，可以方便地调整外形。

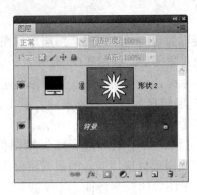

图 4-81　形状图层

5. 填充图层

使用【新建填充图层】命令可以在【图层】面板中创建填充图层。填充图层有三种形式，分别是纯色填充、渐变填充和图案填充。该类型的图层也是一个带蒙版的图层，左侧缩览图代表填充的颜色，右侧缩览图是一个空白的蒙版，如图 4-82 所示。

图 4-82　填充图层

6. 调整图层

调整图层是一种特殊的色彩校正工具，通过它可以调整位于其下方的所有可见图层中的像素颜色，而不必对每一个图层都进行色彩调整，同时它又不影响原图像的色彩，就好像戴上墨镜看风景一样。所以在图像的色彩校正中有较多的应用，调整图层也是一个带有空白蒙版的图层，如图 4-83 所示。

图 4-83　调整图层

7. 智能对象图层

用于存放智能对象的图层称为智能对象图层，图层缩览图的右下角有一个小标记，通过它可以辨别图层是不是智能对象图层，如图 4-84 所示。

使用【置入】命令置入对象时，会自动产生智能对象图层。另外，也可以把任何一个普通图层、文字图层或形状图层转换为智能对象图层，其方法是在该图层上单击鼠标右键，在弹出的快捷菜单中选择【转换为智能对象】命令。

智能对象是一种容器，可以在其中嵌入位图或矢量图像数据。例如，嵌入另一个 Photoshop 或 Illustrator 文件中的图像数据，嵌入的数据将保留其所有原始特性，并仍然可以编辑。这个功能可以保存矢量图像的一些特征，方便我们在矢量软件中编辑，然后再转换到 Photoshop 中来，这大大增强了 Photoshop 对矢量图像的处理能力。

图 4-84　智能对象图层

知识点四　合并图层

一个图像文件可以含有很多图层，但是过多的图层将占用大量内存，影响计算机处理图像的速度，特别是图层非常多时，文件的体积也非常大，这都为操作或交换图像带来了不便。所以在处理图像过程中，需要及时地将处理好的图层进行合并，以释放内存，节约磁盘空间。

合并图层就是将两个或两个以上的图层合并为一个图层。在 Photoshop 的【图层】菜单中有以下几种合并图层的命令，如图 4-85 所示。

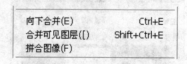

图 4-85　合并图层的命令

> 　【向下合并】：是将当前图层与其下面的图层合并为一层。如果选择了多个图层，则【向下合并】变为【合并图层】，即将选择的多个图层合并为一层。快捷键是 Ctrl+E。

> 　【合并可见图层】：是将所有的可见图层合并为一层，对隐藏的图层不产生作用。快捷键是 Shift+Ctrl+E。

> 【拼合图像】：是将所有的图层合并为一层，如果图像中存在隐藏的图层，执行该命令时将丢弃隐藏图层。

知识点五　文字的输入

按照输入方法的不同，Photoshop 中的文字分为插入点文字和段落文字。Photoshop 中的文字工具包含两种类型：文字工具与文字蒙版工具，如图 4-86 所示。按照创建文字方向的不同，又可分为横排文字和直排文字工具。

图 4-86　文字工具的类型

插入点文字主要用于少量文字的输入，一般都是一些标题性文字。输入插入点文字时，所有的字符都位于同一行中，即使超出了图像窗口的边界，也不会自动换行。

使用文字工具输入插入点文字的操作步骤如下：

(1) 单击工具箱中的横排文字工具 T 或直排文字工具 ⊥T ，选择该工具。

(2) 在文字工具选项栏中设置各项参数。

(3) 在图像中要输入文字的位置处单击鼠标，则出现插入点光标，这时输入文字即可；如需换行，直接按下回车键，否则文字将在同一行中继续输入，如图 4-87 所示。

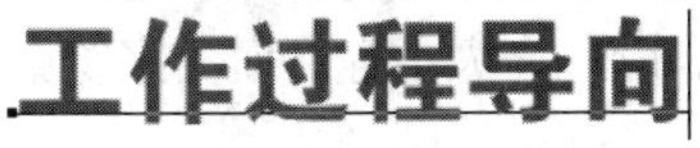

图 4-87　输入的文字

(4) 单击工具选项栏中的 ✓ 按钮，或者按下 Ctrl+Enter 键，可以结束文字的输入，另外，也可以单击工具箱中的移动工具 ⊞ 结束输入。

指点迷津

在输入文字的过程中，如果要调整文字的位置，可以将光标移离文字的基线，然后按住鼠标左键拖曳鼠标移动文字的位置。如果按住 Ctrl 键的同时拖曳鼠标，则文字周围将出现变换框，这时可以对文字进行变形处理。

段落文字多用于描述性的文字，当文字的信息量比较大时，可以使用段落文字，它主要用于排版。输入段落文字时将出现一个限定框，用户可以在限定框中输入文字，还可以同时对限定框进行旋转、缩放和斜切操作，这为排版带来了很大的方便。

创建段落文字的操作步骤如下：

(1) 单击工具箱中的 T 或 ⊥T 工具，选择该工具。

(2) 在文字工具选项栏中设置各项参数。

（3）在图像中按住鼠标左键拖动鼠标，可以定义一个限定框，同时出现一个闪烁的插入点光标。

（4）在插入点处输入文字，输入的文字将显示在限定框中，当输入的文字达到限定框的宽度时将自动换行，如需分段可以按下回车键。

（5）在输入段落文字的过程中，可以拖曳限定框上的控制点，旋转、斜切、缩放限定框，如图 4-88 所示。

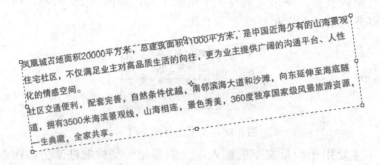

图 4-88　旋转后的限定框

（6）输入完文字后，单击工具选项栏中的 ✔ 按钮，或者按下 Ctrl+Enter 键，可以结束文字的输入。另外，也可以单击工具箱中的移动工具 ▶⊕ 结束输入。

知识点六　设置文字的格式

文字格式可以通过文字工具选项栏和【字符】面板进行设置，使用文本工具选项栏可以完成一些基本的设置，如字体、颜色、大小等；而【字符】面板中的参数更全面。

1. 文字工具选项栏

使用文字工具选项栏设置格式时，可以在输入文字之前设置，也可以在输入文字之后设置。选择了工具箱中的文字工具后，其工具选项栏如图 4-89 所示。

图 4-89　文字工具选项栏

➢ 在 Book Antiqua 下拉列表中可以选择所需要的字体。Photoshop 的字体列表提供了所见即所得的预览方式，方便了我们预览文字样式，从而更快捷地选择文字字体。

➢ 在 Regular 下拉列表中可以设置字型。一般来说，中文字体没有字体样式，某些英文字体有自带的样式，可以设置字体的粗细、斜体等样式。

➢ 在 18点 下拉列表中可以设置文字的字号，即文字的大小。可以在下拉列表中选择字号大小，也可以直接输入数字设置字号的大小。

➢ 在 锐利 下拉列表中可以设置抗锯齿的方式。选择"无"时不进行抗锯齿处理；选择"锐利"选项时，字体的边缘更明显一些；选择"犀利"选项时，字体的边缘最明显；选择"浑厚"选项时，字体的边缘更生硬一些；选择"平滑"选项时，字体的边缘将平滑一些。

➤ 单击 ▤▤▤ 对齐方式，可以设置文字的对齐方式。

➤ 单击颜色块 ▰，在弹出的【选择文本颜色】对话框中可以选择文字颜色。

➤ 单击 ▟ 按钮，在弹出的【变形文字】对话框中可以创建变形文字。

➤ 单击 ▤ 按钮，可以打开【字符】面板和【段落】面板。

2. 【字符】面板

在文字工具选项栏中单击 ▤ 按钮，或者单击菜单栏中的【窗口】/【字符】命令，可以打开【字符】面板。【字符】面板主要用于设置字符的属性，如图 4-90 所示。

在【字符】面板中可以设置单个字符或多个字符的属性，如字体、字号、字型、字间距、文字颜色等。

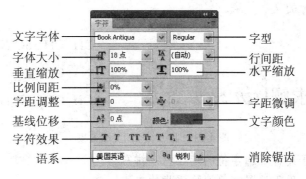

图 4-90　【字符】面板

【字符】面板中的字体、字型、大小、颜色的设置与文字工具选项栏中的设置完全相同，这里不再赘述。

➤ 行间距：用于调整文字的行间距，数值越大，行间距越大。

➤ 垂直缩放：用于在垂直方向上对文字进行缩放。

➤ 水平缩放：用于在水平方向上对文字进行缩放。

➤ 比例间距：用于设置所选字符的"比例间距"，通过修改字符的占位空间来调整字符间的距离，数值越大，字符占位空间越小。

➤ 字距微调：用于调整插入点光标左右两个字符之间的距离。

➤ 字距调整：用于调整文字的字间距，正数使字间距加大，负数用来减小字间距。注意它与"字距微调"之间的区别，一个是控制全部，一个是控制光标左右的两个字符，如图 4-91 所示。

图 4-91　文本字距效果

➤ 基线位移：用于调整文字距基线的距离。正数使文字上移(如果是直排文字则右移)，负数使文字下移(如果是直排文字则左移)，如图 4-92 所示为文字调整了基线后的效果。

图 4-92　文字调整了基线后的效果

➤ 字符效果：共有 8 个按钮，分别表示将字符设置为加粗、倾斜、全部大写字母、小型大写字母、上标、下标、下划线和删除线等效果。如图 4-93 所示是上、下标的文字效果。

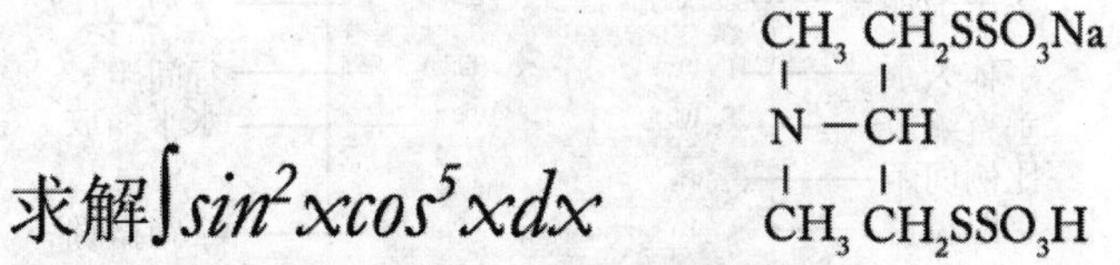

$$求解\int sin^2 xcos^5 xdx \qquad \begin{array}{l} CH_3\ CH_2SSO_3Na \\ \ \ \ |\ \ \ \ \ \ \ | \\ N-CH \\ \ \ \ |\ \ \ \ \ \ \ | \\ CH_3\ CH_2SSO_3H \end{array}$$

图 4-93　上、下标的文字效果

➤ 语系：用于设置所选字符的连字符及拼写格式。
➤ 消除锯齿：用于设置字符消除锯齿的方式。

3.【段落】面板

段落是以文字末尾的回车符作为标记的。对于插入点文字，每行即是一个单独的段落；对于段落文字，一个段落可能有多行。使用【段落】面板可以设置段落格式，如对齐、缩进和连字等。单击菜单栏中的【窗口】/【段落】命令，可以打开【段落】面板，如图 4-94 所示。

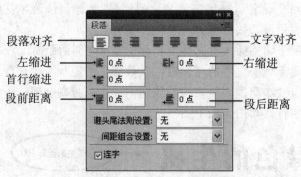

图 4-94　【段落】面板

➤ 段落对齐：用于设置段落的对齐方式，当文字为水平方向时分别是左对齐 ▤、居中对齐 ▤ 和右对齐 ▤；当文字为垂直方向时，分别是顶对齐 ▥、居中对齐 ▥ 和底对齐 ▥。
➤ 文字对齐：该功能用于设置一个段落当中文字的对齐方式。对于英文而言，这个功能是非常必要的。由于英文单词的长短不一，段落中每行的右边往往是不整齐的，利用文字对齐按钮可以设置它们的对齐方式。

➤ 左缩进：用于设置段落的左缩进值。

➤ 右缩进：用于设置段落的右缩进值。

➤ 首行缩进：用于设置段落的首行缩进值。

➤ 段前距离：用于设置段落的段前距离。

➤ 段后距离：用于设置段落的段后距离。

➤ 【避头尾法则设置】：排版时难免会有一些标点符号所处的位置不符合语法要求，如逗号、顿号在一行的开头位置，这个时候就需要设置"避头尾法则"。该法则共有两个选项：JIS 严格与 JIS 宽松。

➤ 【间距组合设置】：用于设置某些字符为全角或者半角字符。

➤ 【连字】：主要用于英文排版。选择该项，当英文单词自动换行时，在转行字母后自动添加连字符。

知识点七　文字的变形

建立特殊字型是 Photoshop 的一项重要功能，向图像中输入了文字以后，可以对文字进行变形，使其具有特殊效果。在 Photoshop 中，利用系统提供的文字变形功能可以轻松建立多种变形文字效果。

输入文字后，单击文字工具选项栏中的 按钮，则弹出【变形文字】对话框，在【样式】下拉列表中可以选择系统预定的形状，如图 4-95 所示。

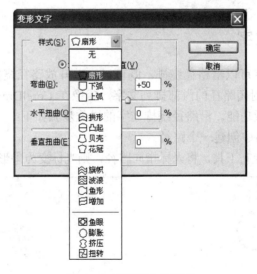

图 4-95　系统预定的形状

【样式】列表中的每一种样式都代表了一种文字变形效果，这些变形效果都是系统预设的。下面以"扇形"为例介绍【变形文字】对话框的使用及参数设置。

选择了"扇形"样式后，文字将产生均匀的弯曲变形效果，这时的【变形文字】对话框如图 4-96 所示。

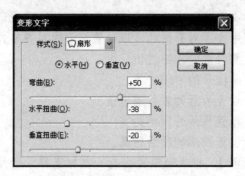

图 4-96 【变形文字】对话框

➢ 选择【水平】选项，文字将向上或向下弯曲变形。

➢ 选择【垂直】选项，文字将向左或向右弯曲变形。

➢ 【弯曲】：表示扇形弯曲的程度。如果选择了【水平】选项，则负数时文字向下弯曲，正数时文字向上弯曲；如果选择了【垂直】选项，则负数时文字向右弯曲，正数时文字向左弯曲。数值越大，弯曲的程度就越大。

➢ 【水平扭曲】：表示文字在水平方向上的扭曲程度。

➢ 【垂直扭曲】：表示文字在垂直方向上的扭曲程度。

其他形状的参数设置与"扇形"的参数设置相似。文字变形功能有点像 Word 中的艺术字功能，可以创建出各种弯曲或扭曲的文字效果，而且不改变文字属性，变形以后可以随意增加或删减文字，改变字体、字号等属性。这项功能在平面设计中非常有用，能够克服呆板的文字排列，使画面更活泼。Photoshop 中总共提供了 15 种变形效果，建议读者自行尝试一下每一种变形效果。

知识点八 路径文字

Photoshop 中的文字可以沿路径绕排，既可以沿着开放路径绕排，也可以沿封闭路径绕排。另外，还可以在封闭路径的内部排列文字，就像在 CorelDraw 中工作一样，这大大增强了 Photoshop 的排版功能。沿路径绕排文字的操作步骤如下：

(1) 首先在图像窗口中创建一个路径。

(2) 选择工具箱中的 T 工具，将光标指向路径，则光标变为 形状，如图 4-97 所示。

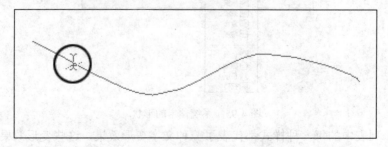

图 4-97 光标的形状

(3) 单击鼠标，则路径上出现了一个起点(×)、一个终点(○)和插入点光标。如果路径是封闭的，则起点和终点是重合的。

(4) 输入所需要的文字，输入完成后单击工具选项栏中的 ✔ 按钮，或者按下 Ctrl+ Enter 键即可，如图 4-98 所示。

图 4-98　沿路径输入的文本

沿路径输入了文本后，【图层】面板中将产生一个新的文字图层，同时，【路径】面板中也会出现一个新路径。而图像窗口中的路径和文本是链接在一起的，移动路径或修改路径的形状时，文字会自动适应路径的变化。

如果创建的路径构成一个闭合的形状，这时我们既可以沿路径输入文字，也可以在形状内输入文字。在封闭路径内输入文字的操作步骤如下：

(1) 首先在图像窗口中创建一个封闭路径。

(2) 选择工具箱中的 T 工具，将光标指向路径内部，当光标变为 Ⓘ 形状时单击鼠标，这时系统将依据路径创建一个段落文字限定框，如图 4-99 所示。

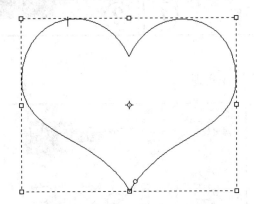

图 4-99　创建的段落文字限定框

(3) 输入所需的文字，则文字将自动排列在路径的内部，如图 4-100 所示。

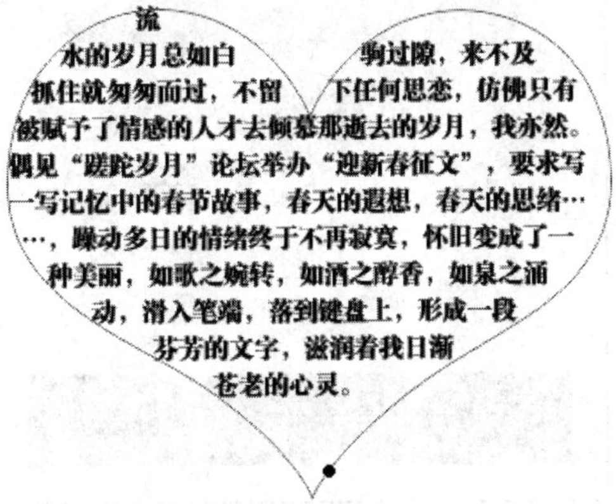

图 4-100　文字在路径内部排列

4.5 项目实训

本项目中完成了房产宣传单页正面的制作，接下来要求制作宣传单页的反面，主要内容为户型介绍，要求排版均衡。

任务分析：户型图已经提供，文件为 AI 格式，需要置入到图像窗口中，然后输入相关的文字，设置好字体、大小和颜色，并用虚线进行适当的划分，使版面精美好看。

任务素材：

光盘位置：光盘\项目 04\实训。

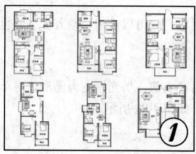

参考效果：

光盘位置：光盘\项目 04\实训。

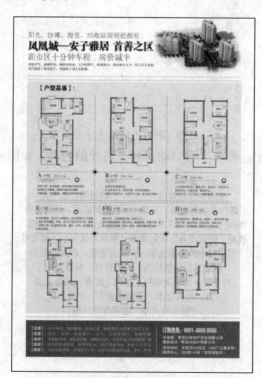

中文版 Photoshop CS5 工作过程导向标准教程..

设计制作电影光盘封套

5.1 项目说明

阿宇是影视公司的一名平面设计师，5 月 28 日接到一项新任务，为公司的新片《火焰复仇》设计一个光盘封套，印数 500 份。电影光盘将作为新片宣传活动的礼品派发给幸运影迷，要求封套个性彰显，极具震撼力和感染力。

5.2 项目分析

设计电影光盘封套是影视公司的一项主要任务，可以使用 Photoshop 来完成。由于电影光盘的包装盒采用 PP(聚丙烯)材料制作，所以只需要设计制作封面即可，尺寸根据提供的包装盒大小来设计。在设计制作过程中要注意以下问题：

第一，由于印量较少，所以采用数码印刷，这样可以省去制版等工序。

第二，实际尺寸是 27 cm×13 cm，但设置文件时要预留 3 mm 的出血位，以防裁切后的成品出现白边。另外，为了确保清晰度，作品分辨率以 300 ppi 为佳。

第三，使用 Photoshop 直接输出，颜色模式可以使用 RGB 模式，但是设置颜色时最好采用 CMYK 模式，防止颜色不能正确输出。

5.3 项目实施

该项目的实施相对容易一些，只需要注意作品尺寸、颜色的安全性即可。下面根据公司的要求并结合创意设计，详细介绍该电影光盘封套的制作方法，制作后的参考效果如图5-1 所示。

图 5-1   电影光盘封套参考效果

任务一   背景的处理

(1) 启动 Photoshop 软件。

(2) 单击菜单栏中的【文件】/【新建】命令，在弹出的【新建】对话框中设置参数如图 5-2 所示。

(3) 单击 ▭ 确定 ▭ 按钮，创建一个新文件。

(4) 选择工具箱中的渐变工具 ▭ ，在工具选项栏中单击渐变预览条 ▭ ，在弹出的【渐变编辑器】对话框中设置左、右两个色标的 CMYK 值分别为(60，76，100，40)和(0，0，0，100)，如图 5-3 所示。

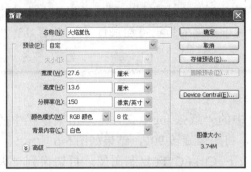

图 5-2 【新建】对话框   图 5-3 【渐变编辑器】对话框

(5) 单击 ⬚确定 按钮，在渐变工具选项栏中设置渐变类型为"径向"，然后在图像窗口中由上方向左下方拖曳鼠标，填充渐变色，效果如图 5-4 所示。

图 5-4 填充渐变色

指点迷津

　　渐变色的填充效果与拖动鼠标的距离、位置都有关系。距离越长，颜色过渡越平缓；距离越短，颜色过渡越急促，颜色的分界也就越明显。所以制作背景时，可以多拖动几次，直到满意为止。

(6) 单击菜单栏中的【滤镜】/【纹理】/【纹理化】命令，在弹出的【纹理化】对话框中设置参数如图 5-5 所示。

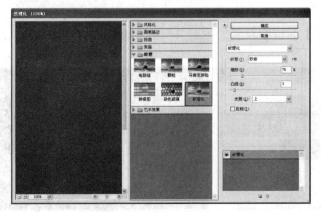

图 5-5 【纹理化】对话框

指点迷津

　　滤镜是 Photoshop 软件中最有创意的一部分，在前面的项目实施中已经有过接触，它可以使图像产生各种魔幻效果。关于滤镜的知识将在项目 12、项目 13 中集中介绍，这里按照参数进行操作即可。

　　(7) 单击 确定 按钮，为图像添加纹理效果。

　　(8) 打开本书光盘"项目 05"文件夹中的"纸张.jpg"文件，单击菜单栏中的【图像】/【图像旋转】/【90 度(顺时针)】命令，将图像旋转 90°，结果如图 5-6 所示。

　　(9) 按下 Ctrl+A 键全选图像，然后按下 Ctrl+C 键复制图像，再切换到"火焰复仇.psd"图像窗口中，按下 Ctrl+V 键粘贴图像，结果如图 5-7 所示，同时【图层】面板中产生"图层 1"。

图 5-6　旋转后的图像　　　　　　　　　　图 5-7　复制粘贴的图像

　　(10) 按下 Ctrl+T 键添加变换框，分别拖动左、右两个控制点，将图像拉宽一些，使之覆盖整个背景，结果如图 5-8 所示。

图 5-8　调整后的图像效果

　　(11) 在【图层】面板中设置"图层 1"的混合模式为"叠加"，则图像效果如图 5-9 所示。

图 5-9　【图层】面板和图像效果

(12) 在【图层】面板中创建一个新图层"图层 2",设置前景色为深蓝色(CMYK:100,92,56,30),按下 Alt+Delete 键填充前景色。

(13) 单击【图层】面板下方的 ◻ 按钮,为"图层 2"添加图层蒙版。

(14) 设置前景色为黑色,选择工具箱中的渐变工具 ◼,在工具选项栏中选择"前景色到透明渐变",设置渐变类型为"线性",然后在图像窗口中按住 Shift 键由上向下拖曳鼠标,为蒙版填充渐变色,则图像效果如图 5-10 所示。

图 5-10 图像效果

(15) 在【图层】面板中设置"图层 2"的混合模式为"颜色",【不透明度】值为50%,降低图像下半部分的饱和度,使顶部看上去有一股很热的光,而底部看上去有点冷,从而拉开颜色对比,如图 5-11 所示。

图 5-11 【图层】面板和图像效果

任务二 制作特效文字

(1) 选择工具箱中的横排文字工具 T,在图像窗口中单击鼠标,输入文字"FIRE",然后打开【字符】面板,设置字体、颜色、大小、字间距等参数,结果如图 5-12 所示,同时【图层】面板中产生"FIRE"文字层。

图 5-12 输入的文字

(2) 单击菜单栏中的【图层】/【图层样式】/【投影】命令，打开【图层样式】对话框，设置投影参数如图 5-13 所示。

(3) 在对话框左侧选择【颜色叠加】选项，设置叠加的颜色为砖红色(CMYK：0，82，94，0)，其他各项参数设置如图 5-14 所示。

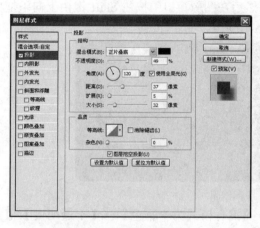

图 5-13 【图层样式】对话框   图 5-14 设置叠加的颜色

指点迷津

在完成本例的操作中，图层样式占了很大的比重。在这里可以先体会图层样式为我们的工作带来的极大方便，感知其功能的强大。在项目 6 中将进一步学习图层样式的知识及其应用。

(4) 在对话框左侧选择【外发光】选项，设置外发光的颜色为暗红色(CMYK：36，95，100，0)，其他各项参数设置如图 5-15 所示。

(5) 在对话框左侧选择【内发光】选项，设置内发光的颜色为黄色(CMYK：0，22，89，0)，其他各项参数设置如图 5-16 所示。

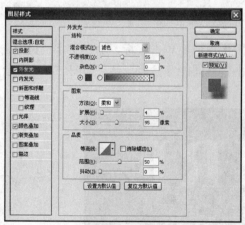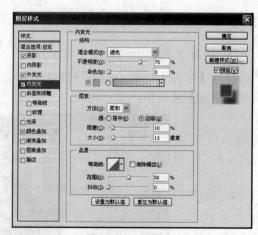

图 5-15 设置【外发光】参数   图 5-16 设置【内发光】参数

(6) 在对话框左侧选择【光泽】选项，设置对应的各项参数如图 5-17 所示。

(7) 单击 确定 按钮，则文字效果如图 5-18 所示。

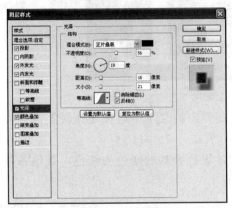

图 5-17 设置【光泽】参数   图 5-18 文字效果

(8) 在【图层】面板中复制"FIRE"层，得到"FIRE 副本"层，然后将光标指向"FIRE 副本"层下方的"效果"行上，按住鼠标左键将其拖曳至 🗑 (删除图层)按钮上，删除"FIRE 副本"层的图层效果，如图 5-19 所示。

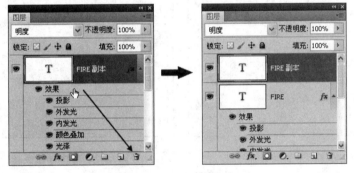

图 5-19 删除图层效果

(9) 在"FIRE 副本"层上单击鼠标右键，在弹出的快捷菜单中选择【栅格化文字】命令，将文字图层转换为普通图层，然后隐藏"FIRE"层，如图 5-20 所示。

(10) 选择工具箱中的涂抹工具 ，在工具选项栏中设置参数如图 5-21 所示。

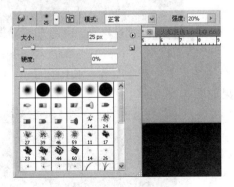

图 5-20 【图层】面板   图 5-21 涂抹工具选项栏

(11) 在图像窗口中对"FIRE"进行涂抹，效果如图 5-22 所示。

图 5-22　涂抹效果

(12) 单击【图层】面板下方的 fx. 按钮，在弹出的菜单中选择【光泽】命令，打开【图层样式】对话框，设置各项参数如图 5-23 所示。

(13) 在对话框左侧选择【颜色叠加】选项，设置叠加的颜色为红色，其他各项参数设置如图 5-24 所示。

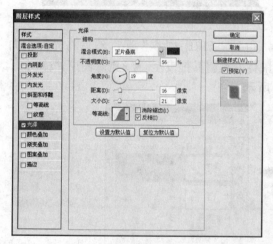

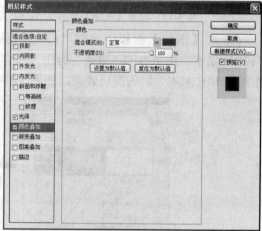

图 5-23　设置【光泽】的参数　　　　　　　图 5-24　设置【颜色叠加】的颜色

(14) 单击 确定 按钮，则图像效果如图 5-25 所示。

图 5-25　图像效果

(15) 在【图层】面板中显示"FIRE"层，并将该层调整到"FIRE 副本"层的上方，则图像效果如图 5-26 所示。

图 5-26　图像效果

(16) 在【图层】面板中复制"FIRE"层，得到"FIRE 副本 2"层，参照前面的操作方法，将"FIRE 副本 2"层的图层效果删除，如图 5-27 所示。

(17) 在"FIRE 副本 2"层上单击鼠标右键，在弹出的快捷菜单中选择【栅格化文字】命令，将该层转换为普通图层，然后单击 ▣ (锁定透明像素)按钮，锁定该层的透明像素，如图 5-28 所示。

图 5-27　删除"FIRE 副本 2"层的图层效果　　图 5-28　锁定"FIRE 副本 2"层的透明像素

(18) 设置前景色为黑色，背景色为白色，选择工具箱中的渐变工具 ▣，在工具选项栏中选择"前景色到背景色渐变"，设置渐变类型为"线性"，如图 5-29 所示。

图 5-29　渐变工具选项栏

(19) 在图像窗口中由文字的下边缘向上边缘拖曳鼠标，填充渐变色，效果如图 5-30 所示。

图 5-30　渐变效果

(20) 在【图层】面板中设置"FIRE 副本 2"层的混合模式为"线性加深"，【不透明度】值为 80%，则图像效果如图 5-31 所示。

图 5-31　图像效果

任务三　为特效文字添加火焰

(1) 打开本书光盘"项目 05"文件夹中的"火焰.jpg"文件，如图 5-32 所示。

(2) 单击菜单栏中的【窗口】/【通道】命令，打开【通道】面板，可以发现"红"通道的黑白对比反差最大，如图 5-33 所示。

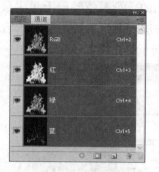

图 5-32　打开的图像　　　　　图 5-33　【通道】面板

(3) 按住 Ctrl 键单击"红"通道，可以基于"红"通道建立选区，如图 5-34 所示。

指点迷津

在各个通道中，白色对应选区部分，黑色对应非选区部分，而灰色对应着选区的羽化程度。

另外，在 Photoshop 操作中，按住 Ctrl 键单击图层缩览图，可以基于图层建立选区；按住 Ctrl 键单击通道缩览图，可以基于通道建立选区；按住 Ctrl 键单击路径缩览图，可以将路径转换为选区。

(4) 按下 Ctrl+J 键将选择的图像复制到新图层"图层 1"中，这样就实现了抠图操作，此时的【图层】面板如图 5-35 所示。

图 5-34　基于"红"通道建立选区　　　　图 5-35　【图层】面板

(5) 选择工具箱中的多边形套索工具，在图像窗口中依次单击鼠标，选择一部分火焰，如图 5-36 所示。

(6) 按下 Ctrl+C 键复制选择的火焰，然后切换到"火焰复仇.psd"图像窗口中，按下 Ctrl+V 键粘贴复制的火焰，这时【图层】面板中产生"图层 3"。

(7) 按下 Ctrl+T 键添加变换框，将火焰适当缩小，并移动到"F"的上方，如图 5-37 所示，然后按下回车键确认变换操作。

图 5-36 选择的火焰　　　　　　　　　图 5-37 变换火焰的大小

(8) 在【图层】面板中单击◯按钮，为"图层 3"添加图层蒙版。

(9) 设置前景色为黑色，选择工具箱中的画笔工具✎，在工具选项栏中设置各项参数如图 5-38 所示。

(10) 在图像窗口中火焰与字符"F"的接合处反复拖动鼠标，使火焰与字符"F"自然结合在一起，如图 5-39 所示。

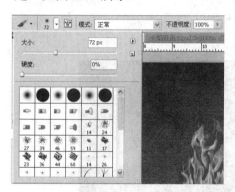

图 5-38 画笔工具选项栏　　　　　　　图 5-39 编辑蒙版

(11) 在【图层】面板中设置"图层 3"的混合模式为"滤色"，如图 5-40 所示；然后再复制"图层 3"，得到"图层 3 副本"，设置该层的混合模式为"叠加"，【不透明度】值为 80%，如图 5-41 所示。

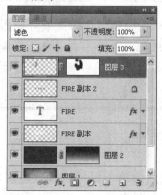

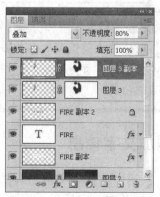

图 5-40 设置"图层 3"　　　　　　　　图 5-41 设置"图层 3 副本"

(12) 切换到"火焰.jpg"窗口，使用多边形套索工具 在图像窗口中依次单击鼠标，选择另一部分火焰，如图 5-42 所示。

(13) 参照前面的方法，将选择的火焰复制到"火焰复仇.psd"图像窗口中，这时【图层】面板中产生"图层 4"。按下 **Ctrl＋T** 键添加变换框，将火焰适当缩小，并移动到"I"的上方，如图 5-43 所示，然后按下回车键确认变换操作。

图 5-42　选择的火焰

图 5-43　调整火焰的大小和位置

(14) 参照第 8～11 步的操作，对"图层 4"中的火焰进行处理，将之与字符"I"自然结合。并且用同样的方法，处理字符"R"与"E"上方的火焰，使它们看上去更加自然、随意，最终效果如图 5-44 所示。

图 5-44　火焰效果

指点迷津

　　Photoshop 软件一直倡导"无损"编辑，即在编辑图像时不破坏原图像，以方便出现误操作时能够完美恢复，其中，图层蒙版就是最典型的一种无损编辑方法。除此以外，调整图层、智能滤镜、图层样式等也都是为了不破坏原图像而设置的一些强大而有效的功能。

任务四　添加文字信息

　　(1) 选择工具箱中的横排文字工具 **T**，在画面中单击鼠标，输入电影名称"火焰复仇"，并调整大小、位置、字号等，其参数与位置如图 5-45 所示。

图 5-45　输入的文字

(2) 单击【图层】面板下方的 fx 按钮，在弹出的菜单中选择【投影】命令，打开【图层样式】对话框，设置【投影】参数如图 5-46 所示。

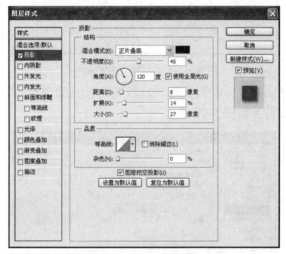

图 5-46　设置【投影】的参数

(3) 在对话框左侧选择【光泽】选项，设置对应的各项参数如图 5-47 所示。

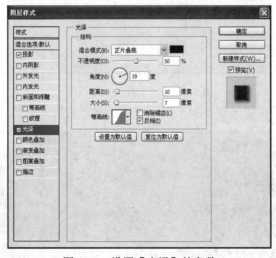

图 5-47　设置【光泽】的参数

(4) 在对话框左侧选择【颜色叠加】选项，设置叠加颜色为深黄色(CMYK：6，51，93，0)，其他各项参数设置如图 5-48 所示。

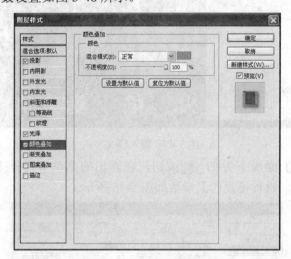

图 5-48 【图层样式】对话框

(5) 在对话框左侧选择【内发光】选项，设置内发光的颜色为黄色(CMYK：5，23，89，0)，其他各项参数设置如图 5-49 所示。

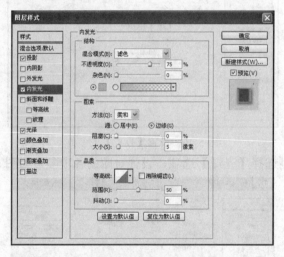

图 5-49 【图层样式】对话框

(6) 单击 确定 按钮，则添加了图层样式的文字效果，如图 5-50 所示。

图 5-50 文字效果

(7) 选择工具箱中的横排文字工具 T，在工具选项栏中设置文字的颜色为暗黄色 (CMYK: 55, 65, 95, 10)，其他参数设置如图 5-51 所示。

图 5-51　文字工具选项栏

(8) 在图像窗口中拖动鼠标，创建一个文本限定框，然后输入电影介绍文字，如图 5-52 所示。

图 5-52　图像效果

(9) 继续使用 T 工具在画面的左、右两侧输入公司名称，并调整适当的字体、大小、位置等，结果如图 5-53 所示。

图 5-53　文字效果

任务五　处理图形元素

(1) 在【图层】面板中创建一个新图层"图层 7"。

(2) 选择工具箱中的矩形选框工具 □，在图像窗口中电影介绍文字处创建一个矩形选区，如图 5-54 所示。

(3) 设置前景色为白色，按下 Alt+Delete 键填充前景色，如图 5-55 所示。

图 5-54　创建的选区

图 5-55　图像效果

(4) 单击菜单栏中的【选择】/【修改】/【收缩】命令，在弹出的【收缩选区】对话框中设置参数如图 5-56 所示。

图 5-56 【收缩选区】对话框

(5) 单击 确定 按钮，将选区向内收缩，结果如图 5-57 所示。

图 5-57 收缩选区

(6) 按下 Delete 键删除选区中的图像部分，然后按下 Ctrl+D 键取消选区，则形成了一个白色的线框，效果如图 5-58 所示。

图 5-58 线框效果

(7) 在【图层】面板中单击▣(锁定透明像素)按钮，锁定"图层 7"的透明像素，如图 5-59 所示。

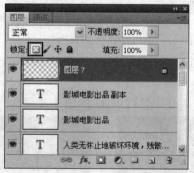

图 5-59 【图层】面板

(8) 选择工具箱中的渐变工具▣，在工具选项栏中单击渐变预览条，在弹出的【渐变编辑器】对话框中设置三个色标的 CMYK 值分别为(58，65，92，21)、(16，16，20，0)、(58，65，92，21)，如图 5-60 所示。

图 5-60 【渐变编辑器】对话框

(9) 单击 确定 按钮，在工具选项栏中设置渐变类型为"线性"，然后按住 Shift 键在图像窗口中由左向右拖曳鼠标，填充渐变色，效果如图 5-61 所示。

图 5-61 渐变效果

(10) 在【图层】面板中设置"图层 7"的混合模式为"线性光"，【不透明度】值为 60%，如图 5-62 所示，则图像效果如图 5-63 所示。

图 5-62 【图层】面板

图 5-63 图像效果

(11) 打开本书光盘"项目 05"文件夹中的"花纹底纹.psd"文件，参照前面的方法，将其中的图案复制到"火焰复仇.psd"图像窗口中，则【图层】面板中产生"图层 8"，将该层调整到"影城电影出品"文字层的下方。

(12) 按下 Ctrl+T 键适当调整其大小，然后移动到如图 5-64 所示的位置。

图 5-64　调整图像的大小和位置

(13) 在【图层】面板中设置"图层 8"的混合模式为"柔光"，然后复制该层，将复制的图像调整到画面的左侧，最终效果如图 5-65 所示。

图 5-65　图像效果

(14) 单击菜单栏中的【文件】/【存储】命令保存文件。

(15) 接下来制作效果图。按下 Ctrl+A 键全选图像，然后单击菜单栏中的【编辑】/【合并拷贝】命令，复制整个图像。

指点迷津

在 Photoshop 的【编辑】菜单中提供了【拷贝】与【合并拷贝】两个命令，快捷键分别是 Ctrl+C 与 Shift+Ctrl+C 组合键。两者的区别在于：【拷贝】命令只复制当前图层中的图像；而【合并拷贝】命令复制所有图层中的图像。

(16) 打开本书光盘"项目 05"文件夹中的"包装盒.jpg"文件，这是预先处理过的电影光盘的包装盒，如图 5-66 所示。

(17) 按下 Ctrl+V 键，将复制的图像粘贴过来，然后按下 Ctrl+T 键添加变换框，将图像等比例缩小，再按住 Ctrl 键分别拖动四个角端的控制点，使之与包装盒的四角吻合，如图 5-67 所示。

图 5-66　打开的图像　　　　　　　　图 5-67　调整图像的大小和形状

(18) 按下回车键确认变换操作，则完成了效果图的制作。在实际工作中，效果图的作用主要是给客户展示产品的预期效果，以说服客户。

5.4　知 识 延 伸

知识点一　图层的基本属性

关于图层的知识，前面已经介绍了很多。图层是 Photoshop 的核心内容之一，几乎每一项操作都离不开图层。下面介绍一些图层的基本属性，这些内容也是通过【图层】面板实现的，如图 5-68 所示。

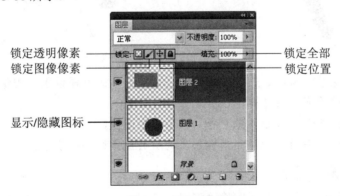

图 5-68　【图层】面板

1. 不透明度与填充

【不透明度】：它决定了图层自身的透明程度，值越大，透明程度越低；值越小，透明程度越高。【不透明度】为 1% 的图层看起来几乎是透明的，而【不透明度】为 100% 的图层则显得完全不透明。需要注意的是，背景图层或锁定的图层的【不透明度】是无法更改的。

【填充】：它决定了图层中填充颜色的不透明程度，但不影响应用到图像的图层样式，这是它与【不透明度】之间的根本区别，如图 5-69 所示。

不透明度：30%
填充：100%
同时影响图像与
图层样式

不透明度：100%
填充：30%
只影响图像不影响
图层样式

图 5-69   不透明度与填充的区别

2. 图层的锁定

图层的锁定方式有四种，分别是：锁定透明像素、锁定图像像素、锁定位置和锁定全部。图层锁定后，图层名称的右侧将出现一个锁图标，当图层被完全锁定时，锁图标是实心的；当图层被部分锁定时，锁图标是空心的。

➢ 锁定透明像素：单击▨按钮，可以将透明的区域锁定，即不能编辑被锁定的透明区域。此时进行绘画、填充操作时，只影响不透明区域。如图 5-70 所示为锁定透明像素前后的操作对比，其中的箭头代表画笔的轨迹。

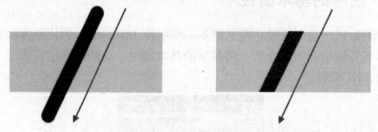

图 5-70   锁定透明像素前后的操作对比

➢ 锁定图像像素：单击✏按钮，可以防止使用绘画工具修改图层的像素，这时不允许进行填充、绘画操作，但是可以移动图像。

➢ 锁定位置：单击✛按钮，禁止移动图层中的图像，但可以编辑图层。

➢ 锁定全部：单击🔒按钮，当前图层上的所有操作都将被禁止。

3. 图层的隐藏与显示

在处理图像过程中，如果要对图像进行局部处理，可以把暂时不需要显示的图层隐藏起来，以方便编辑操作。

隐藏与显示图层的操作步骤如下：

(1) 单击图层前面的显示/隐藏图标，当图标变为 ▢ 状态时，则隐藏了该图层中的图像内容。

(2) 如果要显示图层内容，可以再次单击显示/隐藏图标，当图标变为 👁 状态时，可以显示隐藏的图层。

(3) 如果按住 Alt 键的同时单击某个图层的显示/隐藏图标，则只显示该图层，隐藏其他所有的图层。如果要同时隐藏或显示多个图层，可以将光标指向显示/隐藏图标区域，按下左键上下拖曳鼠标，将同时隐藏或显示多个图层。

知识点二　图层的混合模式

图层的混合模式是 Photoshop 中最为精妙的功能之一，常常用于改变图像颜色、图像合成等，可以实现一些特殊的艺术效果，但是其原理也是比较复杂的。不过，设计师完全不必去追究其变化原理，通常在使用混合模式时，逐一试验即可，哪一个效果好就使用哪一个。当然，掌握了其变化规律，将更有利于设计工作。

在【图层】面板中打开混合模式下拉列表，可以看到所有的混合模式分为 6 组，这 6 组混合模式分别为正常混合、加深混合、减淡混合、对比混合、差值混合、着色混合，如图 5-71 所示。

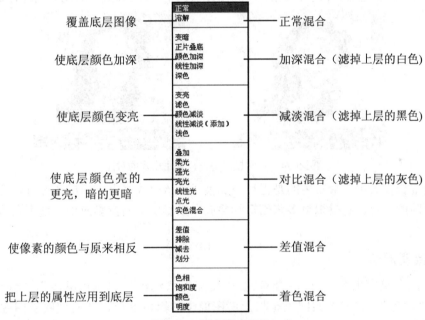

图 5-71　混合模式列表

在记忆这些混合模式时，可以分组记忆，没有必要逐条背诵。

1. 正常混合

正常混合组中有两种混合模式：一是"正常"，二是"溶解"。

(1) "正常"：这是图层混合模式的默认方式，选择这种模式时，上层图像不与其他图层发生任何混合，上层图像完全覆盖下层图像，如图 5-72 所示。

(2) "溶解"：这种模式的上层图像随机溶解到下层图像中，溶解效果与像素的不透明度有关。当上层图像完全不透明时，与正常模式无异，但是随着透明度的降低，上层图像将以散乱的点状形式渗透到底层图像上，但不影响图像的色彩，不透明度的大小影响了散点的密度，如图 5-73 所示。

图 5-72　正常模式　　　　　　　　　　　图 5-73　溶解模式

2. 加深混合

加深混合组中共有 5 种混合模式，它们有一个共同的特点，即滤掉上层图像中的白色，使底层颜色加深，也就是说，如果上层图像中有白色，那么使用加深混合中的任何一种混合模式，都可以轻松地去除白色。如图 5-74 所示，左图为正常模式，右图为正片叠底模式。

图 5-74　正常模式与正片叠底模式的对比

这组混合模式中，最常用的是正片叠底模式，该模式将上下两层图像进行叠加，产生比原来更暗的颜色。它模拟将多张幻灯片叠放在投影仪上的投影效果，使用它可以进行图像融合。

3. 减淡混合

减淡混合组中也有 5 种混合模式："变亮"、"滤色"、"颜色减淡"、"线性减淡(添加)"和"浅色"。它们的共同点是将上层图像中的黑色滤掉，从而使底层图像的颜色变亮。如图 5-75 所示，左图为正常模式，右图为滤色模式。

这组混合模式中，滤色模式是比较常用的一种，它与正片叠底恰好相反，可以使图像变得更亮，照片曝光不足时可以使用该模式加以纠正。

图 5-75　正常模式与滤色模式的对比

4. 对比混合

这组混合模式主要用于改变图像的反差，包括"叠加"、"柔光"、"强光"、"亮光"、"线性光"、"点光"和"实色混合"7 种混合模式。其中，叠加与柔光模式最为常用，特别是在数码照片的后期处理中，常常用于加强照片对比度。

对比混合组中所有的混合模式也有一个共性，即可以滤掉上层图像中的灰色，从而使底层图像中暗的地方更暗，亮的地方更亮。如图 5-76 所示，左图为正常模式，右图为叠加模式。

图 5-76　正常模式与叠加模式的对比

5. 差值混合

差值混合组中含有 4 种混合模式，即"差值"、"排除"、"减去"和"划分"。这组混合模式中的典型代表是差值模式，它比较上、下两图层图像，然后用亮度高的颜色减去亮度低的颜色作为结果，当与黑色混合时不改变颜色，与白色混合时产生反转色。这种模式适用于模拟底片效果。而排除模式的作用与差值相似，但是对比度更低。

6. 着色混合

着色混合组中也有 4 种混合模式，分别是"色相"、"饱和度"、"颜色"和"明度"，这组混合模式是基于 HSB 颜色模式进行工作的，它将上层图像的色相、饱和度、颜色和明度应用到底层图像上。

其中，颜色模式较为常用，可以为黑白照片上色，或者制作单色调图像。它的作用就是将上层图像的颜色应用到底层图像上，而亮度与对比度不发生变化。如图 5-77 所示，左图为正常模式，右图为颜色模式。

图 5-77　正常模式与颜色模式的对比

知识点三　图像的旋转

在 Photoshop 中，一幅图像可能由多个图层构成，而执行菜单栏中的【图像】/【图像旋转】命令，是指对整幅图像的旋转操作，不论它由多少层构成，所有图层中的图像都将随之旋转。所以该命令与前面学习的【编辑】/【变换】命令是有区别的，它是针对整幅图像而言，不能对单独的图层或选区使用；而【变换】命令完全是针对某一图层中的图像而言的。打开图像以后，单击菜单栏中的【图像】/【图像旋转】命令，可以打开其子菜单，如图 5-78 所示。

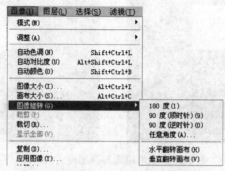

图 5-78　【图像旋转】命令子菜单

> 选择【180 度】命令，可以将整个图像旋转 180°。
> 选择【90 度(顺时针)】命令，可以将整个图像顺时针旋转 90°。
> 选择【90 度(逆时针)】命令，可以将整个图像逆时针旋转 90°。
> 选择【任意角度】命令，可以按指定的角度旋转图像。
> 选择【水平翻转画布】命令，可以将图像进行水平翻转。
> 选择【垂直翻转画布】命令，可以将图像进行垂直翻转。

执行相应的子菜单命令，可以旋转或翻转整个图像。如图 5-79 所示，(1)为原图像，(2)为旋转 180°，(3)为顺时针旋转 90°，(4)为逆时针旋转 90°，(5)为旋转 45°，(6)为水平翻转画布，(7)为垂直翻转画布。

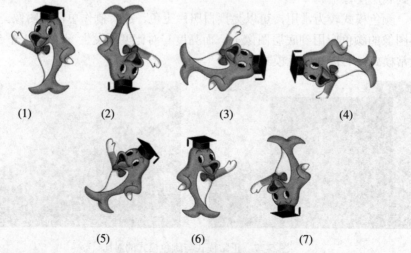

图 5-79　图像的旋转与翻转效果

知识点四　涂抹工具的使用

在平面设计中，涂抹工具 的使用并不多，本项目中主要运用该工具涂抹文字边缘，模拟火苗效果。下面介绍一下该工具的作用与使用方法。

涂抹工具 的作用是模拟在未干的颜料上进行涂抹的效果，从而使图像产生一种拖尾效果。涂抹工具的使用比较简单，设置好选项后，在图像中拖动鼠标即可。涂抹工具选项栏如图 5-80 所示。

图 5-80　涂抹工具选项栏

➤　 (画笔)：用于设置画笔的大小与形状。

➤　【模式】：用于设置涂抹后的图像与原图像之间的混合效果。

➤　【强度】：用于设置涂抹操作的压力大小。值越大，拖尾越长；值越小，拖尾越短，如图 5-81 所示分别为强度 50% 与 80% 的涂抹效果。

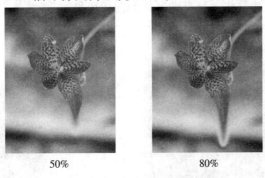

50%　　　　　　　　　　80%

图 5-81　不同强度下的涂抹效果

➤　【对所有图层取样】：选择该选项，涂抹操作对所有图层都起作用，否则只对当前图层起作用。

➤　【手指绘画】：选择该选项，涂抹操作时从前景色开始，也就是说，涂抹的起始点为前景色，然后逐渐过渡到图像的颜色，如图 5-82 所示分别为未选择【手指绘画】选项和选择该项时的涂抹效果。

图 5-82　未选择【手指绘画】选项和选择该项时的涂抹效果

知识点五　图层蒙版

图层蒙版为我们处理图像提供了一种十分灵活的手段，特别是需要隐藏或显示图像的某一部分时，使用图层蒙版非常有效。使用图层蒙版可以在不影响图像本身的情况下控制图像的透明效果。

1. 创建图层蒙版

图像中的每一个图层(背景图层除外)都可以添加图层蒙版，但是一个图层只能添加一个蒙版。添加了蒙版以后，通过在蒙版上涂抹颜色，可以控制图层中图像的显示与隐藏。

创建图层蒙版的操作步骤如下：

(1) 在【图层】面板中选择要添加蒙版的图层。如果要在选区的基础上创建蒙版，则需要先在图像中建立选区。

(2) 单击【图层】面板下方的 ▣ 按钮，则选区以外的图像被蒙住，只有选区内的图像可见，如图 5-83 所示为创建蒙版前后的效果对比。如果按住 Alt 键的同时单击 ▣ 按钮，则选区以内的图像被蒙住，只有选区外的图像可见。

图 5-83　创建蒙版前后的效果对比

另外，创建图层蒙版时，可以使用菜单栏中的【图层】/【图层蒙版】命令，如图 5-84 所示。

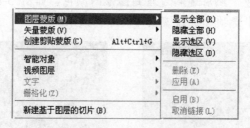

图 5-84　【图层蒙版】命令子菜单

2. 编辑图层蒙版

为图层增加了图层蒙版后，在【图层】面板上，该图层的右侧将出现蒙版缩览图。如果蒙版缩览图被选中，这时的绘画和编辑工具只对蒙版起作用。

编辑图层蒙版的操作步骤如下：

(1) 在【图层】面板中单击图层蒙版缩览图激活蒙版，这时蒙版缩览图的四周显示白框，如图 5-85 所示。

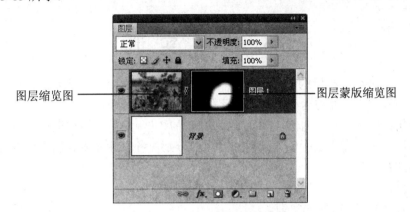

图 5-85 激活图层蒙版缩览图

(2) 选择所需的编辑工具或绘画工具，并在工具选项栏中设置合适的选项。

(3) 在图像中拖曳鼠标，即可编辑图层蒙版。在图层蒙版中，白色表示显示的图像区域，黑色表示被遮盖的图像区域，灰色表示图像被遮盖的程度。

3. 图层与蒙版的链接

一旦为图层创建了蒙版，则图层缩览图与蒙版缩览图之间将出现链接图标▓，这时在图像窗口中移动图层或蒙版时，两者的相对位置保持不变。

在【图层】面板中单击链接图标▓，该图标将消失，表示取消了两者之间的链接关系，这时可以分别移动它们。

4. 应用与删除图层蒙版

在图层上建立图层蒙版以后，将增大图像文件的大小。为了减小文件的大小，可以将蒙版应用到图层中或删除图层蒙版。

删除图层蒙版的操作步骤如下：

(1) 在【图层】面板中选择要删除的图层蒙版。

(2) 单击【图层】面板下方的 🗑 按钮，或者直接将要删除的图层蒙版缩览图拖曳到 🗑 按钮上，则弹出一个信息提示框，系统询问在删除之前是否对图层应用蒙版效果，如图 5-86 所示。

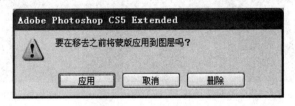

图 5-86 信息提示框

(3) 单击 应用 按钮，可以将蒙版效果应用到图层中；单击 删除 按钮，则不对图层应用蒙版效果，直接删除蒙版；单击 取消 按钮，则取消此次操作。

(4) 也可以在要删除的蒙版缩览图上单击鼠标右键，从弹出的快捷菜单中选择【删除图层蒙版】命令删除蒙版。

5.5 项目实训

设计制作一个小型相册的封面，相册的尺寸为 10 cm×12 cm，厚度为 3 cm，要求将提供的照片分别作为封面与封底的图案，字体设计得个性、好看一些。

任务分析：完成本项目时首先要正确计算作品尺寸，然后再运用图层的基本属性、混合模式、图层蒙版等知识进行创作。操作时可以分别对各设计元素运用不同的混合模式，以得到不同的视觉效果。

任务素材：

光盘位置：光盘\项目 05\实训。

参考效果：

光盘位置：光盘\项目 05\实训。

項目 **06**

中文版 Photoshop CS5 工作过程导向标准教程

设计制作企业形象海报

6.1 项目说明

六面广告公司是一家综合性的广告公司，业务范围较宽，公司要求设计师设计一张企业形象海报，并且能够体现出公司所有的可操作业务。

6.2 项目分析

顾名思义，从公司名称上让我们联想到六面体、正方体，所以，作品创意可以将企业文化与几何体的特性结合起来。在六面体中，魔方最能体现出智慧、灵活、面面俱到等内涵，恰好与公司文化相吻合，所以本项目将以魔方为主要创作元素。在制作过程中要注意以下问题：

第一，海报尺寸一般为正度四开，即 39 cm×54 cm，设置文件时要预留出血位。

第二，由于海报是通过印刷完成的，所以要注意分辨率应为 300 ppi。

6.3 项目实施

首先，搜集一个"魔方"的素材文件，然后结合创意与制作要求来实施项目。完成后的参考效果如图 6-1 所示。

图 6-1　企业形象海报参考效果

任务一　设计背景

(1) 启动 Photoshop 软件。

(2) 单击菜单栏中的【文件】/【新建】命令，在弹出的【新建】对话框中设置参数如图 6-2 所示。

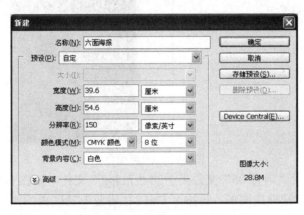

图 6-2 【新建】对话框

(3) 单击 [确定] 按钮，创建一个新文件。

(4) 参照前面的方法，创建四条参考线，标识出出血线的位置，如图 6-3 所示。

(5) 选择工具箱中的渐变工具 [图]，在工具选项栏中单击渐变预览条 [图]，在弹出的【渐变编辑器】对话框中编辑渐变色，设置从左到右三个色标的 CMYK 值分别为 (CMYK：100，0，0，0)、(CMYK：100，60，0，0)和(CMYK：100，80，0，60)，如图 6-4 所示。

图 6-3 创建的参考线

图 6-4 【渐变编辑器】对话框

(6) 单击 [确定] 按钮，在渐变工具选项栏中设置渐变类型为"径向"，如图 6-5 所示。

图 6-5 渐变工具选项栏

(7) 在画面中由右下方向左上方拖曳鼠标，填充渐变色，效果如图 6-6 所示。

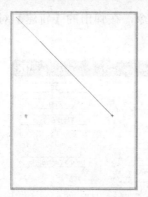 

图 6-6　填充渐变色

(8) 打开本书光盘"项目 06"文件夹中的"光.jpg"文件，如图 6-7 所示。

(9) 按下 Ctrl+A 键全选图像，再按下 Ctrl+C 键复制选区内的图像，然后切换到"六面海报.psd"图像窗口中，按下 Ctrl+V 键粘贴复制的图像，这时【图层】面板中产生"图层 1"。

(10) 按下 Ctrl+T 键添加变换框，按住 Shift 键将其等比例放大，大小和位置如图 6-8 所示，然后按下回车键确认变换操作。

图 6-7　打开的图像　　　　　　　　　　图 6-8　变换图像

(11) 在【图层】面板中设置"图层 1"的混合模式为"点光"，如图 6-9 所示。

(12) 选择工具箱中的橡皮擦工具 ，在工具选项栏中设置画笔大小与硬度等参数，如图 6-10 所示。

 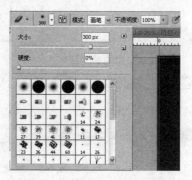

图 6-9　【图层】面板　　　　　　　图 6-10　橡皮擦工具选项栏

(13) 在画面中沿着图片的边缘拖动鼠标，擦除图像的边缘，使其与背景更好地融合在一起，如图 6-11 所示。

(14) 在【图层】面板中设置"图层 1"的【不透明度】值为 30%，则图像效果如图 6-12 所示。

图 6-11　擦除后的效果　　　　　　图 6-12　图像效果

(15) 在【图层】面板中创建一个新图层"图层 2"，然后选择工具箱中的矩形选框工具 ，在工具选项栏中设置参数如图 6-13 所示。

图 6-13　矩形选框工具选项栏

(16) 在图像窗口中拖动鼠标，创建一个比较窄的矩形选区，如图 6-14 所示。

(17) 设置前景色为白色，按下 Alt+Delete 键，用前景色填充选区，然后按下 Ctrl+D 键取消选区，则图像效果如图 6-15 所示。

(18) 在【图层】面板中设置"图层 2"的【不透明度】值为 40%，则图像效果如图 6-16 所示。

图 6-14　创建的选区　　　　　图 6-15　图像效果　　　　　图 6-16　图像效果

(19) 选择工具箱中的移动工具 ，按住 Alt 键在画面中向下拖动矩形条，将其移动复制一个，如图 6-17 所示，这时【图层】面板中产生"图层 2 副本"层。

(20) 按下 Ctrl+T 键添加变换框，然后按住 Alt 键的同时向下拖动上方的控制点，将复制的矩形条压扁一些，并按下回车键确认变换操作。

(21) 在【图层】面板中设置"图层 2 副本"的【不透明度】值为 50%，则图像效果如图 6-18 所示。

(22) 用同样的方法，按住 Alt 键的同时使用 ⊞ 工具再向下移动复制一个矩形条，此时【图层】面板中产生"图层 2 副本 2"层，在【图层】面板中设置该层的【不透明度】值为 35%，然后按下 Ctrl+T 键添加变换框，将矩形条在垂直方向上拉宽一些，效果如图 6-19 所示。

图 6-17　移动复制的图像　　　　图 6-18　图像效果　　　　图 6-19　图像效果

(23) 单击菜单栏中的【图层】/【拼合图像】命令，合并所有的图层。

任务二　处理魔方

(1) 打开本书光盘"项目 06"文件夹中的"魔方.jpg"文件。

(2) 选择工具箱中的多边形套索工具 ⊠，在工具选项栏中设置【羽化】值为 0，然后沿着魔方的边缘依次单击鼠标，创建一个多边形选区，将魔方选中，如图 6-20 所示。

(3) 按下 Ctrl+C 键复制选区内的图像，然后切换到"六面海报.psd"图像窗口中，按下 Ctrl+V 键粘贴复制的图像，此时【图层】面板中产生"图层 1"。

(4) 按下 Ctrl+T 键添加变换框，将魔方图像等比例放大并确认，并调整位置如图 6-21 所示。

图 6-20　创建的选区　　　　　　　图 6-21　调整图像的大小和位置

(5) 在【图层】面板中创建一个新图层"图层 2"。

(6) 选择工具箱中的圆角矩形工具 ，在工具选项栏中设置【半径】为 1 厘米，并按下 (填充像素)按钮，如图 6-22 所示。

图 6-22　圆角矩形工具选项栏

(7) 设置前景色为白色，按住 Shift 键的同时在画面中拖动鼠标，创建一个圆角正方形图形，如图 6-23 所示。

(8) 参照前面的操作方法，按住 Alt 键，使用 工具在画面中向上拖动白色圆角正方形，将其移动复制一个，如图 6-24 所示，此时【图层】面板中产生"图层 2 副本"。

图 6-23　创建的图形　　　　　图 6-24　移动复制的图像

(9) 在【图层】面板中单击 (锁定透明像素)按钮，锁定当前图层的透明像素，如图 6-25 所示；然后设置前景色为橙色(CMYK：0，60，100，0)，按下 Alt+Delete 键填充为橙色，如图 6-26 所示。

图 6-25　【图层】面板　　　　　图 6-26　图像效果

(10) 选择工具箱中的横排文字工具 ，在工具选项栏中设置文字颜色为白色，其他参数设置如图 6-27 所示。

图 6-27　文字工具选项栏

(11) 在画面中单击鼠标，输入文字"VI 设计"，如图 6-28 所示。

(12) 按下 Ctrl+E 键，将文字图层"VI 设计"向下与"图层 2 副本"合并为一层。

(13) 使用移动工具 将合并后的图像移至合适位置，然后按下数字键 3，将该层的【不透明度】值设置为 30%，则图像效果如图 6-29 所示。

图 6-28 输入的文字

图 6-29 图像效果

(14) 按下 Ctrl+T 键添加变换框，按住 Ctrl 键分别调整变换框四个角端的控制点的位置，使其与魔方上方的一个色块重合，如图 6-30 所示。

(15) 按下回车键确认变换操作，然后按下数字键 0，将当前图层的【不透明度】值设置为 100%，则图像效果如图 6-31 所示。

图 6-30 变换图像

图 6-31 图像效果

指点迷津

　　按数字键 1、2、3、…、0，可以快速设置图层的不透明度，分别代表 10%、20%、30%、…、100%。当需要将两层图像对齐时，通常将上一层图像设置为半透明，操作完成后再将不透明度调回 100%，这是一种非常实用的操作技巧。

(16) 在【图层】面板中选择"图层 2"为当前图层，然后按住 Alt 键，使用移动工具 在图像窗口中向上拖动鼠标，重新复制一个白色的圆角正方形，如图 6-32 所示。

(17) 参照前面的操作方法，将复制的圆角正方形填充为绿色(CMYK：100，0，100，0)，然后输入文字"全程推广"，将文字与绿色正方形合并为一层，并对其进行变换操作，效果如图 6-33 所示。

图 6-32 移动复制的图像

图 6-33 图像效果

(18) 用同样的方法,依次制作画面中的其他信息要素,结果如图 6-34 所示。

(19) 最后再将"图层 2"复制几层,分别填充不同的颜色,作为色块贴在"魔方"上,魔方的最终效果如图 6-35 所示。

图 6-34　图像效果　　　　　　　图 6-35　魔方的最终效果

任务三　布局版面元素

在【图层】面板中可以看到这时的图层非常多,下面通过"组"进行管理。

(1) 在【图层】面板中选择"图层 1",按住 Shift 键单击面板最上方的图层,这样就选择了除"背景"层之外的所有图层。

(2) 单击菜单栏中的【图层】/【新建】/【从图层建立组】命令,则弹出【从图层新建组】对话框,如图 6-36 所示。

图 6-36　【从图层新建组】对话框

(3) 单击 确定 按钮,将选择的图层群组为"魔方",如图 6-37 所示。

图 6-37　新建的图层组

(4) 按住 Alt 键的同时,使用移动工具 在画面中拖动魔方图像,移动复制一个魔方图像,如图 6-38 所示,这时可以看到【图层】面板中产生"魔方副本"组,如图 6-39 所示。

图 6-38　移动复制的图像　　　　　　　图 6-39　【图层】面板

（5）按下 Ctrl+E 键，将"魔方副本"组中的所有图层合并为"魔方副本"层，如图 6-40 所示。

指点迷津

在 Photoshop 中，"组"的概念类似于"文件夹"，可以把多个图层放在一起，从而使【图层】面板看起来不乱。但是，如果要对一个"组"中的图像应用滤镜，必须将其合并为一层，或者使用智能滤镜。这里将"魔方副本"组合并为一层，就是为了后面使用【高斯模糊】滤镜。

（6）单击菜单栏中的【编辑】/【变换】/【垂直翻转】命令，将复制的魔方图像垂直翻转，调整其位置如图 6-41 所示。

图 6-40　【图层】面板　　　　　　　图 6-41　翻转复制的图像

（7）单击菜单栏中的【滤镜】/【模糊】/【高斯模糊】命令，在弹出的【高斯模糊】对话框中设置参数如图 6-42 所示。

（8）单击 确定 按钮，则图像产生了模糊效果，如图 6-43 所示。

图 6-42 【高斯模糊】对话框

图 6-43 图像的模糊效果

(9) 按下数字键 4，将"魔方副本"层的【不透明度】值设置为 40%，则图像效果如图 6-44 所示。

(10) 参照刚才的方法，将"魔方"组再复制两次，并且分别按下 Ctrl+E 键合并图层，然后再依次按下 Ctrl+T 键，调整魔方图像的大小和位置，效果如图 6-45 所示。

图 6-44 图像效果

图 6-45 图像效果

任务四　添加文字信息

(1) 选择工具箱中的横排文字工具 **T**，在工具选项栏中设置参数如图 6-46 所示。

图 6-46 文字工具选项栏

(2) 在画面中单击鼠标，输入文字"六面广告，助您成功!"，如图 6-47 所示。

(3) 单击【图层】面板下方的 **fx.** 按钮，在弹出的菜单中选择【斜面和浮雕】命令，打开【图层样式】对话框，设置各项参数如图 6-48 所示。

图 6-47　输入的文字

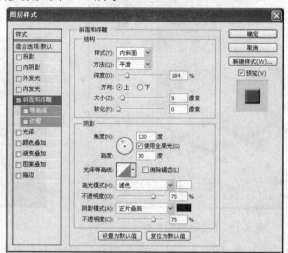

图 6-48　【图层样式】对话框

指点迷津

　　Photoshop 中一共有 10 种图层样式，无论选择哪一个图层样式，都会打开【图层样式】对话框，这是一个公共对话框，左侧列出了图层样式的名称，右侧是相应的参数。当需要添加其他图层样式时，在左侧单击相应的样式名称即可。

　　(4) 在对话框左侧选择【描边】选项，设置【描边】颜色为蓝色(CMYK：100，0，0，0)，其他参数设置如图 6-49 所示，此时的文字效果如图 6-50 所示。

图 6-49　【图层样式】对话框

图 6-50　图像效果

　　(5) 在对话框左侧选择【外发光】选项，设置【外发光】的颜色为白色，其他各项参数如图 6-51 所示。

　　(6) 单击 确定 按钮，则最终的文字效果如图 6-52 所示。

图 6-51 【图层样式】对话框

图 6-52 文字效果

(7) 打开本书光盘"项目 06"文件夹中的"logo.jpg"文件,如图 6-53 所示。

(8) 参照前面的方法,将整个图像复制到"六面海报.psd"图像窗口中,并调整到右上角的位置,如图 6-54 所示,这时【图层】面板中产生"图层 3"。

图 6-53 打开的图像

图 6-54 图像效果

(9) 在【图层】面板中设置"图层 3"的混合模式为"浅色",这时发现黑色部分不见了,图像效果如图 6-55 所示。

(10) 选择工具箱中的横排文字工具 T ,在工具选项栏中设置文字颜色为白色,并设置适当的字体、大小,在画面中再输入公司的业务范围、地址、电话等信息,最终的企业形象海报效果如图 6-56 所示。

图 6-55 图像效果

图 6-56 企业形象海报效果

6.4 知识延伸

知识点一 大度与正度

大度与正度是印刷中关于纸张的术语。大多数国家使用的是 ISO 216 国际标准来定义纸张的尺寸，其中，常用纸张有大度和正度两种规格。

尺寸为 889 mm×1194 mm 的纸张称为大度纸；尺寸为 787 mm×1092 mm 的纸张称为正度纸。

无论是大度纸还是正度纸，整张称为全开，对折后裁开为对开或 2 开，对折后再对折裁开为 4 开，依此类推便有 8 开、16 开、32 开等，如图 6-57 所示。同样，把全开纸平分为三张则为 3 开，3 开纸再平分则为 6 开，依此类推，便有 12 开、24 开等，如图 6-58 所示。

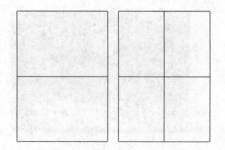 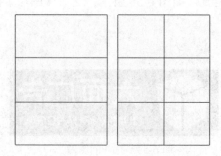

图 6-57　对开与 4 开　　　　　　图 6-58　3 开与 6 开

知识点二 关于海报

海报是平面设计中具有典型意义的广告设计形式之一，也称为"招贴"或"宣传画"。相对于其他广告而言，海报的画面比较大，文字凝练，主要突出图形与色彩的感染力，强调远视效果。

1. 海报的特点

与其他广告形式相比，海报具有明显的个性。

(1) 画面大、远视效果突出。海报属于户外广告的范畴，一般张贴在娱乐场所、人员密集的地方，经常采用大画面、色彩艳丽、字体醒目，以增强对视觉的冲击。

(2) 审美艺术性较高。海报的印刷非常精美，设计中往往以具有艺术表现力的摄影、写实绘画、漫画的形式进行创意，重点突出图形要素，可以给消费者带来愉悦的视觉享受。

(3) 强调"瞬间"的视觉冲击力。海报旨在促进人们作出反映与行动，在表现形式上注重简洁明快、新奇醒目，有"瞬间"的视觉冲击力。

(4) 具有广泛的预告性。海报具有广泛的预告性，在商品正式上市之前可以先给消费者留下良好印象。海报的典型代表是电影海报，它可以在电影公映前起到打动诉求对象的作用。

2. 常见的海报类型

随着中西方文化的日益交融，海报的设计形式已经不再受风格和流派的局限，创意和构思也日新月异。从用途上划分，大致可以分为公益海报、文化海报、商业海报和电影海报等。

1) 公益海报

公益海报是指带有一定社会意义的海报，其主题往往是倡导社会道德、公益事业、爱心奉献等，如献血、保护环境、爱心助学都属于这方面的主题，如图 6-59 所示。

图 6-59　公益海报

2) 商业海报

商业海报是指以赢利为目的，宣传商品、企业或商业服务的广告性海报，出现的场合通常为商店打折、店庆、开业、品牌推广、企业形象宣传、促销等活动中。设计这类海报时，要充分考虑产品的格调和受众对象，如图 6-60 所示。

图 6-60　商业海报

3) 文化海报

文化海报是指宣传文化活动的海报，它可能是赢利的，也可能是非赢利的，但核心是宣传文化，如笔会、画展、交流会、展览等。由于文化活动多种多样，所以设计师必须了解文化活动的内容，才能设计出恰当风格的海报，如图 6-61 所示。

图 6-61　文化海报

4) 电影海报

电影海报是海报的重要分支之一，它是电影产品的附属品，往往随着电影的公映一起发行，起到吸引观众的注意、宣传影片、刺激票房收入的作用，如图 6-62 所示。

图 6-62　电影海报

知识点三　图层组

在 Photoshop 中，图层组的概念类似于 Windows 中的文件夹，它可以将一些同类的图层归到同一个组中，例如，可以将有关文字图层放入一个组中，将有关图像图层放入另一个组中，这样可以把图层进行分类管理，大大提高工作效率。

➢ 在【图层】面板中单击下方的 ▢ 按钮，可以创建一个空的图层组，默认名称为"组 1"。单击菜单栏中的【图层】/【新建】/【组】命令，则弹出【新建组】对话框，如图 6-63 所示，单击 确定 按钮，也可以创建一个空图层组。

图 6-63 【新建组】对话框

➢ 在【图层】面板中选择多个图层，单击菜单栏中的【图层】/【新建】/【从图层建立组】命令，可以在建立图层组的同时将选择的图层置于图层组中，如图 6-64 所示。

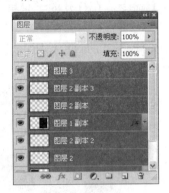

图 6-64　从图层建立组

➢ 如果要将某一个图层放入图层组中，可以将图层拖曳到图层组上，当图层组名称呈高亮显示时释放鼠标，则图层被添加到了图层组中。

➢ 图层组既可以折叠起来，又可以展开，单击图层组左侧的三角形按钮可以在两种状态之间转换。如图 6-65 所示分别为折叠与展开的图层组。

图 6-65　折叠与展开的图层组

➢ 如果要将图层组转换为图层，可以在【图层】面板中选择图层组，按下 Ctrl+E 键；也可以在图层组上单击鼠标右键，在弹出的快捷菜单中选择【合并组】命令。

知识点四　图层样式

在上一个项目中，我们已经反复使用了图层样式，深深体会到了它的方便与强大。本项目中也重要应用了图层样式。

图层样式其实是一些滤镜效果的简化使用，如"投影"、"浮雕"、"发光"等。以前需要由滤镜创作的效果，现在使用图层样式可以轻松地完成，大大简化了工作流程。另外，在文字图层中，文字处于被保护的状态，种种操作受到限制，但是使用图层样式可以在不改变图层性质的情况下，轻而易举地创造出眩目的艺术文字。

1. 使用图层样式的方法

在 Photoshop 中，如果要为某个图层应用图层样式，可以通过两种方法完成。

一是单击菜单栏中的【图层】/【图层样式】命令，在打开的子菜单中选择要使用的图层样式，如图 6-66 所示。

二是在【图层】面板中选择图层以后，单击面板下方的 _fx._ 按钮，这时也将弹出一个菜单，选择其中的图层样式即可，如图 6-67 所示。

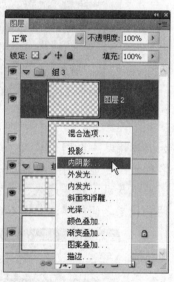

图 6-66 【图层样式】命令子菜单　　　　　图 6-67 图层样式菜单

2. 10 种图层样式

通过菜单命令可以看到，Photoshop 提供了 10 种图层样式，基本能够满足平时的设计要求，轻松地创建出各种图像特效。

1) 投影和内阴影

这是一对效果相反的图层样式，【投影】样式可以使图像产生普通的投影效果；【内阴影】样式可以向图像的内部产生投影，如图 6-68 所示。

图 6-68 　【投影】效果和【内阴影】效果

【投影】样式与【内阴影】样式的参数基本一致，如图 6-69 所示。

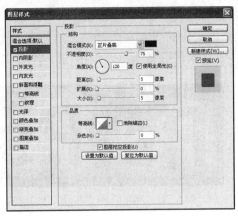 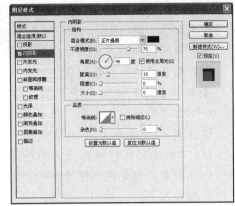

图 6-69 【投影】样式与【内阴影】样式的参数

最常用的几项参数作用如下：

➤ 【不透明度】：用于调整投影的不透明程度。数值越大，投影越清晰。

➤ 【角度】：用于设置投影(内阴影)效果的光照角度。如果选择【使用全局光】选项，则光照角度将应用于图像中的所有图层；否则光照角度仅对当前图层起作用。

➤ 【距离】：用于设置投影(内阴影)与原图像之间的偏移距离。

➤ 【大小】：用于设置投影(内阴影)边缘的模糊程度，拖动滑块可以改变投影边缘模糊区域的大小。

2) 外发光和内发光

这也是一对效果相反的图层样式，【外发光】样式可以使图像沿着边缘向外发光；【内发光】样式可以使图像沿着边缘向内发光，如图 6-70 所示。

图 6-70 【外发光】效果和【内发光】效果

【外发光】样式与【内发光】样式的参数基本一致，如图 6-71 所示。

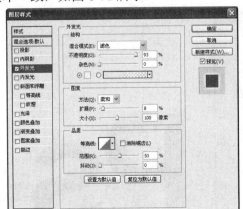 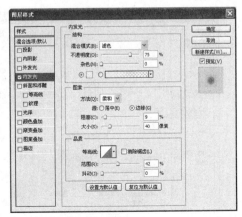

图 6-71 【外发光】样式与【内发光】样式的参数

最常用的几项参数作用如下：

➢ 【不透明度】：用于控制发光颜色的不透明程度。

➢ 发光颜色：Photoshop 提供了两种发光方式，选择前面的选项为纯色光，选择后面的选项为渐变光。分别单击 ▢ 色块或 ▭，可以设置发光的颜色或特殊发光效果。

➢ 【方法】：其中有两个选项"柔和"和"精确"。"柔和"指对发光边缘进行了模糊处理，效果更自然；"精确"指按照图像的边缘进行外发光，发光轮廓更清晰一些，如图 6-72 所示。

图 6-72 "柔和"和"精确"发光效果

➢ 【扩展】/【阻塞】：用于控制发光效果的发散程度。

➢ 【大小】：用于设置发光范围的大小。

➢ 【源】：该选项出现在【内发光】样式中，当选择【边缘】时，表示沿着图像的轮廓向内发光；选择【居中】时，则表示沿着图像的中心线向边缘发光，如图 6-73 所示分别为选择【边缘】与【居中】时的发光效果。

图 6-73 选择【边缘】与【居中】时的发光效果

3) 斜面和浮雕

这是非常重要的一个图层样式，功能也最强大，使用它可以创建立体表现效果。【斜面和浮雕】共有五种样式，分别是"外斜面"、"内斜面"、"浮雕效果"、"枕状浮雕"和"描边浮雕"，不同的样式产生的效果也不一样。如图 6-74 所示是【斜面和浮雕】样式的参数与效果。

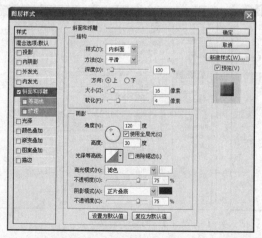

图 6-74 【斜面和浮雕】样式的参数与效果

【斜面和浮雕】样式的参数相对复杂一些，最常用的几项参数作用如下：

➤ 【样式】：提供了五种不同的斜面和浮雕样式。选择"内斜面"时，可以使图层内容的内侧边缘产生斜面；选择"外斜面"时，可以使图层内容的外侧边缘产生斜面；选择"浮雕效果"时，可以使图层内容相对于下面的图层产生浮雕效果；选择"枕状浮雕"时，可以使图层内容边缘向下面的图层中产生冲压效果；选择"描边浮雕"时，可以对图层应用描边浮雕效果，该选项只有在选择了【描边】选项后才起作用，它以描边的外边缘为基准建立浮雕效果。

➤ 【方法】：用于选择创建斜面的方法，共有"平滑"、"雕刻清晰"和"雕刻柔和"三个选项。当选择"平滑"时，浮雕效果比较柔和一些，而选择另外两个选项时，浮雕效果会更加有棱有角、生硬尖锐一些，如图 6-75 所示为三种不同的效果。

图 6-75　三种不同的效果

➤ 【深度】：用于设置斜面或浮雕效果的深度。

➤ 【大小】：用于设置斜面或浮雕的尺寸大小。

➤ 【软化】：用于设置模糊阴影程度，以减弱斜面或浮雕的三维效果。

➤ 【光泽等高线】：用于产生有光泽的、类似金属效果的外观，覆盖在斜面或浮雕效果之上。

➤ 【高光模式】：用于设置斜面或浮雕高光区域的混合模式与颜色。

➤ 【阴影模式】：用于设置斜面或浮雕阴影的混合模式与颜色。

【斜面和浮雕】样式还有两个附加选项，分别为【等高线】和【纹理】，通过设置这两个选项，可以使斜面和浮雕效果更加丰富。选择【等高线】以后，允许对斜面或浮雕效果应用等高线；选择【纹理】以后，允许对斜面或浮雕效果应用各种纹理图案，如图 6-76 所示。

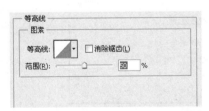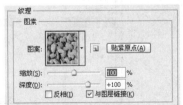

图 6-76　【等高线】和【纹理】选项

4) 光泽/颜色叠加/渐变叠加/图案叠加

【光泽】样式用于向图像内部应用与图像形状相互作用的底纹，从而产生具有绸缎光泽的效果，多用于表现物体表面斑驳的光影。【颜色叠加】、【渐变叠加】和【图案叠加】

这三种样式同属一种类型，它们都是在不改变图像本身颜色属性的前提下为图像覆盖一层新的颜色、渐变色或图案，如图 6-77 所示分别为设置【光泽】、【颜色叠加】、【渐变叠加】、【图案叠加】后的效果。

图 6-77 【光泽】、【颜色叠加】、【渐变叠加】、【图案叠加】效果

这几种图层样式的参数相对简单，这里不再赘述。

5) 描边

【描边】样式可以对当前图层中的图像进行描边，不但可以描纯色，还可以描渐变色和图案，这要比【描边】命令的功能更加强大。如图 6-78 所示分别为三种不同的描边效果。

图 6-78 三种不同的描边效果

【描边】样式的参数如图 6-79 所示。

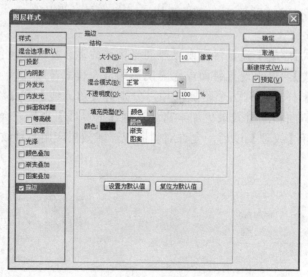

图 6-79 【描边】样式的参数

最常用的几项参数作用如下：

➢ 【大小】：用于设置描边的宽度。

➢ 【位置】：用于设置描边的位置，有三种不同的位置："外部"、"内部" 和

"居中"。"外部"是沿着图像的边缘向外进行描边;"内部"是沿着图像的边缘向内进行描边;"居中"是沿着图像的边缘向两侧同时进行描边,例如,描边的大小为 10 像素,那么图像边缘的内侧占 5 像素,外侧占 5 像素。

➢ 【填充类型】:用于选择不同的描边方案,有三种方案:"颜色"、"渐变"和"图案"。选择不同的描边方案时,参数会有所变化。

知识点五   应用预设样式

Photoshop 提供了很多预设的图层样式,我们可以直接使用它们。单击菜单栏中的【窗口】/【样式】命令,在打开的【样式】面板中可以看到系统预设的各种样式,如图 6-80 所示。

默认情况下,【样式】面板中的样式很少,实际上,Photoshop 为我们提供了非常多的预设样式,使用时可以将它们载入到【样式】面板中。单击【样式】面板右上角的 按钮,打开面板菜单,在面板菜单的下方有一组样式命令,如图 6-81 所示。单击相应的命令,将样式追加到【样式】面板中即可使用。

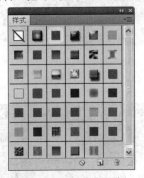

图 6-80 【样式】面板   图 6-81 样式命令

通常情况下,在【样式】面板中单击某一种样式,就可以将其应用到当前图层上。从【样式】面板中拖曳样式到【图层】面板中的图层上或图像窗口中,也可以为当前图层应用样式。

当对图层中的内容应用了样式后,再应用另外一个样式时,前一个样式将被替换掉。如果要在已经应用了样式的图层中继续添加其他样式,而不是替换,则需要按住 Shift 键再单击要应用的样式。

直接使用系统预设的图层样式,可以快速高效地工作。使用【样式】面板可以完成以下几种工作:第一,直接套用样式得到所需的图层效果;第二,在系统预设样式的基础上进行修改,得到所需的图层效果;第三,将自己编辑的、可重复利用的图层样式存储到【样式】面板中,以备今后使用。

6.5 项 目 实 训

为某汽车 4S 店设计制作一个宣传页,配合 4S 店开店 5 周年的营销推广活动,以数字"5"为核心进行营销创意,体现"5 年志庆"、"免费 5 次保养"、"5 款经典车型"、"50

名幸运者"、"5 万现金大奖"……

　　任务分析：作品创意围绕数字"5"展开，在视觉上也要突出"5"，操作上通过图层样式强化主题文字，其中"5 动时代"需要将文字转成路径，进行适当的修改，然后使用斜面与浮雕、渐变叠加、投影等图层样式，制作出文字立体的效果。

　　任务素材：

　　光盘位置：光盘\项目 06\实训。

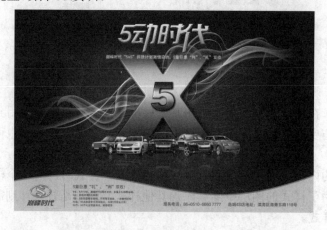

　　参考效果：

　　光盘位置：光盘\项目 06\实训。

设计制作酒店报纸广告

7.1 项目说明

千杯醉酒店是一家刚兴建的集住宿、餐饮、娱乐、商务会议等于一身的大型时尚酒店，要在本地报纸上刊登一则开业广告，刊登时间为酒店开业当天，要求简洁大方，尺寸为半版。

7.2 项目分析

报纸广告设计是平面设计中的一个重要组成部分，一般分为整版、半版、通栏、中缝等。报纸广告一般要求标题简洁生动、有吸引力；内容完整，有详尽说明。除此以外，设计与制作报纸广告尤其要注意以下问题：

第一，当使用黑色时，一定要用单色黑，即 CMYK 的值为(0，0，0，100)。

第二，设计与制作报纸广告时，一般不需要考虑出血位，但是尺寸要核实清楚。

第三，作品的分辨率不像杂志广告要求那么高，一般设置为 150～300 ppi 均可。

7.3 项目实施

该广告项目的尺寸为半版，下面根据相关的要求与注意事项来实施该项目，最终的参考效果如图 7-1 所示。

图 7-1　酒店报纸广告参考效果

任务一　背景的基本处理

(1) 启动 Photoshop 软件。

(2) 单击菜单栏中的【文件】/【新建】命令，在弹出的【新建】对话框中设置参数如图 7-2 所示。

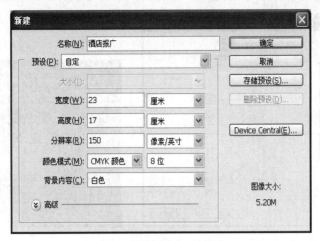

图 7-2 【新建】对话框

(3) 单击 确定 按钮，创建一个新文件。

(4) 选择工具箱中的渐变工具 ，在工具选项栏中单击渐变预览条 ，在弹出的【渐变编辑器】对话框中设置左、右两个色标分别为金黄色(CMYK：0，20，100，0)、暗金色(CMYK：45，65，100，45)，如图 7-3 所示。

(5) 单击 确定 按钮，然后设置渐变类型为"径向"，在画面上由中心向外拖动鼠标，填充渐变色，则图像效果如图 7-4 所示。

图 7-3 【渐变编辑器】对话框　　　　　图 7-4　渐变效果

(6) 单击菜单栏中的【文件】/【置入】命令，在打开的【置入】对话框中双击本书光盘"项目 07"文件夹中的"底纹.ai"文件，则弹出【置入 PDF】对话框，如图 7-5 所示。

(7) 在【置入 PDF】对话框中单击 确定 按钮，将底纹图案置入"酒店报广.psd"图像窗口中，然后调整其大小，使其铺满整个图像窗口，如图 7-6 所示，此时【图层】面板中产生"底纹"层。

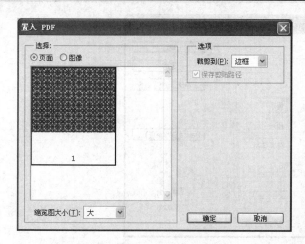

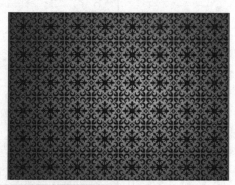

图 7-5 【置入 PDF】对话框　　　　　　　　　图 7-6　底纹图像

(8) 在【图层】面板中单击下方的 按钮，为"底纹"层添加图层蒙版，然后设置混合模式为"正片叠底"，【不透明度】的值为 15%，如图 7-7 所示。

(9) 选择工具箱中的渐变工具 ，在工具选项栏中设置渐变类型为"线性"，然后单击渐变预览条 ，在弹出的【渐变编辑器】对话框中设置三个色标分别为黑色、白色、黑色，如图 7-8 所示。

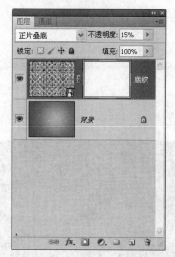

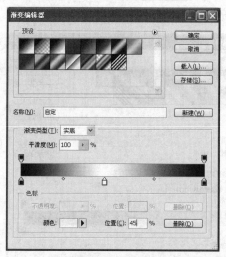

图 7-7　【图层】面板　　　　　　　　　　图 7-8　【渐变编辑器】对话框

指点迷津

　　创建了图层蒙版以后，在图层蒙版上可以使用的编辑工具很多，如填充、画笔、橡皮、滤镜等。工作中使用最多的是渐变填充、画笔工具。

(10) 单击 确定 按钮，在画面中由左下角向右上角拖动鼠标，为图层蒙版填充渐变色，则图像效果如图 7-9 所示。

(11) 单击菜单栏中的【文件】/【置入】命令，将本书光盘"项目 07"文件夹中的

"波浪线.ai"文件置入到"酒店报广.psd"图像窗口中，并调整其大小和位置如图 7-10 所示，此时【图层】面板中产生"波浪线"层。

图 7-9　图像效果

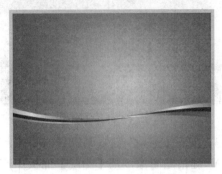

图 7-10　置入的波浪线

(12) 选择工具箱中的多边形套索工具，在画面下方依次单击鼠标，创建一个选区，如图 7-11 所示。

(13) 在【图层】面板中创建一个新图层"图层 1"，并调整"波浪线"层的下方。

(14) 设置前景色的 CMYK 值为(5，10，30，5)，按下 Alt+Delete 键，用前景色填充选区，然后按下 Ctrl+D 键取消选区，则图像效果如图 7-12 所示。

图 7-11　创建的选区

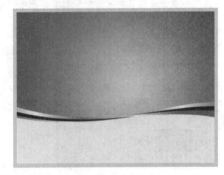

图 7-12　图像效果

指点迷津

　　本项目中的画面结构是平面设计中比较常见的，通过波浪线或弧形线将画面分成两部分，在制作时可以使用钢笔工具进行绘制，这样可以保证线条的平滑与流畅。为了节约版面，本项目直接置入了预选画好的波浪线。

任务二　处理图形元素

(1) 单击菜单栏中的【文件】/【打开】命令，打开本书光盘"项目 07"文件夹中的"效果图.jpg"文件，如图 7-13 所示。

(2) 选择工具箱中的多边形套索工具，在画面中依次单击鼠标，围绕着楼体与地面建立一个选区，如图 7-14 所示。

图 7-13　打开的图像　　　　　　　　　图 7-14　建立的选区

（3）按下 Ctrl+C 键复制选择的图像，然后切换到"酒店报广.psd"图像窗口中，按下 Ctrl+V 键粘贴图像，则【图层】面板中产生"图层 2"，将其调整到"图层 1"的下方，如图 7-15 所示。

（4）按下 Ctrl+T 键添加变换框，然后按住 Shift 键拖动任意一角的控制点，将楼体等比例缩小到适当大小，位置如图 7-16 所示，最后按下回车键确认变换操作。

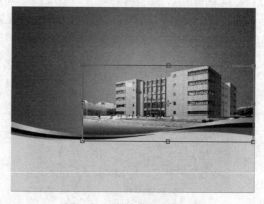

图 7-15　【图层】面板　　　　　　　　　图 7-16　变换楼体图像

（5）单击工具箱中下方的 (以快速蒙版模式编辑)按钮，进入快速蒙版模式，选择工具箱中的画笔工具 ，在工具选项栏中设置其大小和硬度如图 7-17 所示。

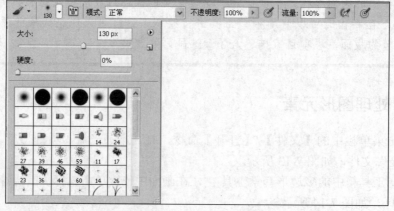

图 7-17　画笔工具选项栏

(6) 在画面中拖动鼠标，则鼠标拖动过的区域变成红色，如图 7-18 所示。

图 7-18　编辑蒙版

(7) 再次单击 ⬛ 按钮，退出快速蒙版编辑模式，则画面中没有被描红的区域形成了一个选区，如图 7-19 所示。

(8) 按下 Shift＋Ctrl＋I 键将选区反向，再按下 Delete 键删除选区中的图像，最后按下 Ctrl＋D 键取消选区，则图像效果如图 7-20 所示。

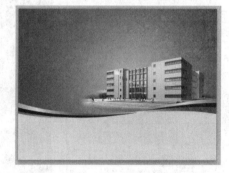

图 7-19　创建的选区　　　　　　　　　　　图 7-20　图像效果

(9) 打开本书光盘"项目 07"文件夹中的"托盘.jpg"文件，如图 7-21 所示。

(10) 按下 Ctrl＋A 键全选图像，参照前面的操作方法，将其复制到"酒店报广.psd"图像窗口中，如图 7-22 所示，此时【图层】面板中产生"图层 3"。

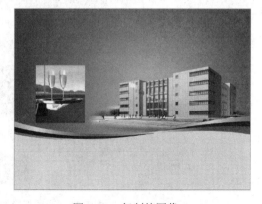

图 7-21　打开的图像　　　　　　　　　　图 7-22　复制的图像

(11) 按下 Ctrl+T 键添加变换框，拖动右侧的控制点，将托盘图像拉长一些，然后按下回车键确认变换操作，结果如图 7-23 所示。

(12) 选择工具箱中的多边形套索工具 ，沿着酒杯依次单击鼠标，创建一个选区，如图 7-24 所示。

图 7-23　变换后的图像效果　　　　　　　　图 7-24　创建的选区

(13) 在【图层】面板中单击 按钮，为"图层 3"添加图层蒙版，结果选区以外的部分被隐藏，【图层】面板及图像效果如图 7-25 所示。

图 7-25　【图层】面板及图像效果

(14) 设置前景色为黑色，使用画笔工具 在画面中将没有抠干净的细节部分涂抹干净，如图 7-26 所示，手套部分的红底没抠干净，使用画笔在蒙版上进行涂抹，可以去除没有抠干净的底色。

图 7-26　涂抹干净细节部分

指点迷津

　　抠图时需要将图像放大显示，这样操作比较精确。另外，抠图并不能一次成功，往往还要进行细化处理，灵活使用抠图工具是关键。本项目中抠取托盘时，是使用了多边形套索工具并结合图层蒙版完成的，但这并不是唯一的方法。

　　(15) 处理好细节后，使用移动工具 ▶️+ 调整拖动图像的位置，效果如图 7-27 所示。

　　(16) 在【图层】面板中创建一个新图层"图层 4"，并调整到面板的最上方。

　　(17) 选择工具箱中的圆角矩形工具 ⬜，在工具选项栏中设置圆角【半径】值为 0.2 厘米，并按下 ⬜(填充像素)按钮，在画面中拖动鼠标，创建一个圆角矩形，如图 7-28 所示。

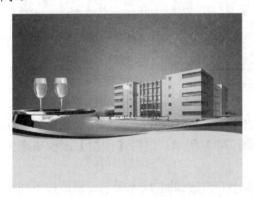

图 7-27　图像效果　　　　　　　　　　图 7-28　创建的圆角矩形

　　(18) 选择工具箱中的移动工具 ▶️+，按住 Alt 键的同时在画面中拖动圆角矩形，将其复制 3 个，并调整好位置，如图 7-29 所示。

　　(19) 此时观察【图层】面板可以看到，由于复制圆角矩形而产生的 3 个"图层 4"的副本图层，如图 7-30 所示，连续按下 3 次 Ctrl+E 键，将 3 个副本层与"图层 4"合并为一层。

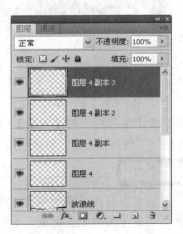

图 7-29　复制的图像　　　　　　　　　　图 7-30　【图层】面板

（20）单击【图层】面板下方的  按钮，在弹出的菜单中选择【描边】命令，打开【图层样式】对话框，设置描边颜色为白色，其他参数设置如图 7-31 所示。

（21）单击 确定 按钮，则图形产生了描边效果，如图 7-32 所示。

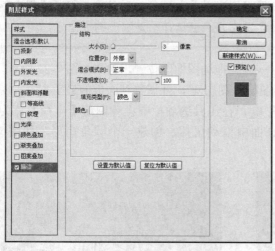

图 7-31 【图层样式】对话框

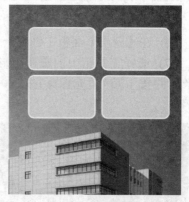

图 7-32 图形效果

（22）打开本书光盘"项目 07"文件夹中的"卧室.jpg"文件，参照前面的操作方法，将其复制到"酒店报广.psd"图像窗口中，如图 7-33 所示，这时【图层】面板中产生了"图层 5"。

（23）按下 Ctrl+T 键添加变换框，调整其大小和位置如图 7-34 所示，然后按下回车键确认变换操作。

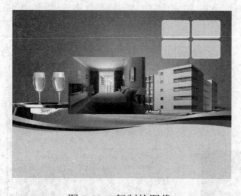

图 7-33 复制的图像

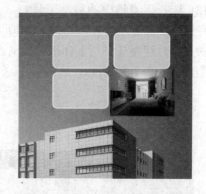

图 7-34 图像效果

（24）单击菜单栏中的【图层】/【创建剪贴蒙版】命令(或者按下 Alt+Ctrl+G 键)，将当前图层与"图层 4"建立剪贴蒙版，结果如图 7-35 所示。

指点迷津

剪贴蒙版与图层蒙版具有同样的重要性，都是图层的重要功能之一。剪贴蒙版是由下层图像影响上层图像。也可以这样理解：下层图像只提供了一个轮廓或相框的功能，对上层图像进行修剪。

(25) 打开本书光盘"项目 07"文件夹中的"餐桌 1.jpg"文件，将其中的图像复制到"酒店报广.psd"图像窗口中，调整其大小和位置如图 7-36 所示。

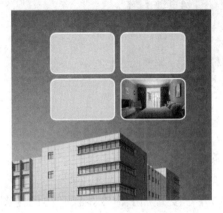
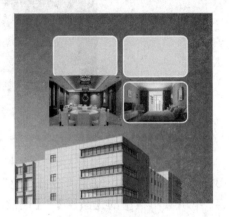

图 7-35　图像效果　　　　　　　　　图 7-36　图像效果

(26) 再次单击菜单栏中的【图层】/【创建剪贴蒙版】命令(或者按下 Alt+Ctrl+G 键)，将当前图层与"图层 4"建立剪贴蒙版，则图像效果如图 7-37 所示。

(27) 用同样的方法，打开本书光盘"项目 07"文件夹中的"餐桌 2.jpg"和"餐桌 3.jpg"文件，将其中的图像复制到"酒店报广.psd"图像窗口中，并且分别创建剪贴蒙版，则图像效果如图 7-38 所示。

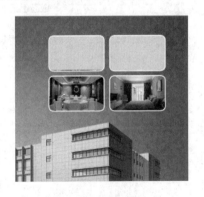
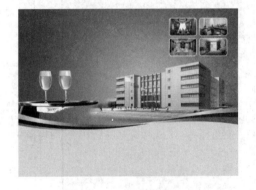

图 7-37　图像效果　　　　　　　　　图 7-38　图像效果

任务三　处理文字信息

(1) 选择工具箱中的横排文字工具 T，在工具选项栏中设置文字颜色为黑色，字体与大小等参数设置如图 7-39 所示。

图 7-39　文字工具选项栏

(2) 在画面中单击鼠标，输入文字"金日开业"，然后按下 Ctrl+Enter 键确认输入，结果如图 7-40 所示。

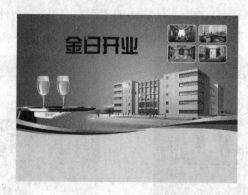

图 7-40　输入的文字

(3) 按下 Ctrl+J 键，复制"金日开业"层，得到"金日开业　副本"层。

(4) 单击菜单栏中的【图层】/【图层样式】/【渐变叠加】命令，在弹出的【图层样式】对话框中单击【渐变】选项右侧的预览条，在弹出的【渐变编辑器】对话框中设置三个色标分别为黄色(CMYK：0，30，100，0)、白色、金黄色(CMYK：0，30，100，0)，如图 7-41 所示。

(5) 单击 ⬚确定⬚ 按钮，返回【图层样式】对话框，分别设置【角度】和【缩放】的值，如图 7-42 所示。

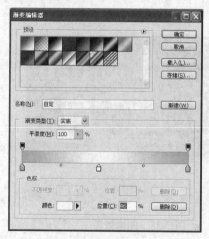

图 7-41　【渐变编辑器】对话框　　　　图 7-42　【图层样式】对话框

(6) 单击 ⬚确定⬚ 按钮，则文字效果如图 7-43 所示。

指点迷津

　　图层样式中的"渐变叠加"样式只是一种图层效果，并没有改变图层中的内容，它与填充渐变色是完全不同的两回事。填充渐变色是彻底改变了图像的颜色，而"渐变叠加"样式只是附加上了一种颜色而已。

(7) 选择工具箱中的移动工具 ▶⊕，然后敲击向左的方向键"←"3 次，再敲击向上的方向键"↑"3 次，制作出阴影效果，如图 7-44 所示。

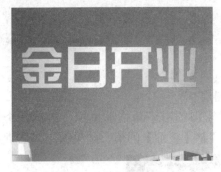

金日开业

图 7-43 图像效果

金日开业

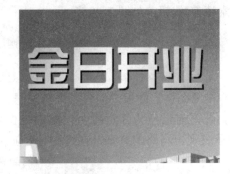

图 7-44 阴影效果

(8) 选择工具箱中的横排文字工具T，在工具选项栏中设置文字颜色为白色，字体为“方正大黑简”，分别输入企业名称及相关文字，效果如图 7-45 所示。

(9) 继续使用横排文字工具T在图像窗口中拖动鼠标，创建一个文本限定框，输入相关的服务信息、酒店地址、电话、传真等，并分别调整适当的字体、颜色和大小，结果如图 7-46 所示。

千杯醉管理有限公司
千杯醉 金日开业
酒店全体同仁竭诚欢迎您的光临！

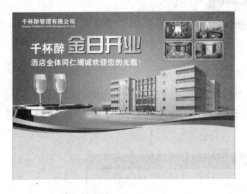

图 7-45 输入的文字

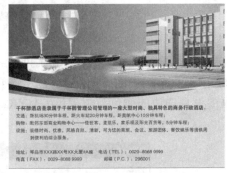

图 7-46 文字效果

(10) 设置前景色为黄褐色(CMYK：50，80，100，25)，然后选择工具箱中的直线工具，在图像窗口中绘制一条直线，将文字分隔开，效果如图 7-47 所示。

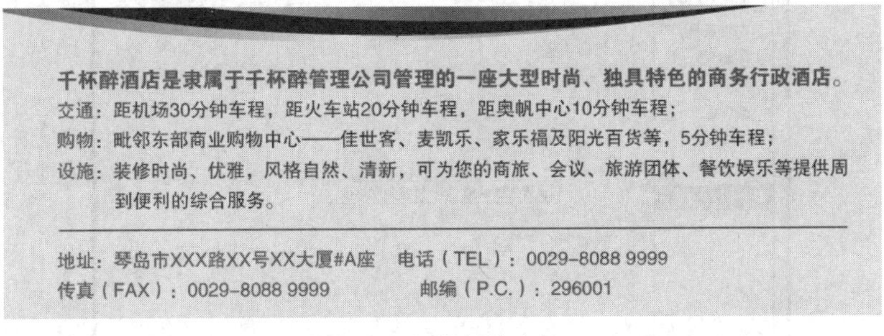
千杯醉酒店是隶属于千杯醉管理公司管理的一座大型时尚、独具特色的商务行政酒店。
交通：距机场30分钟车程，距火车站20分钟车程，距奥帆中心10分钟车程；
购物：毗邻东部商业购物中心——佳世客、麦凯乐、家乐福及阳光百货等，5分钟车程；
设施：装修时尚、优雅，风格自然、清新，可为您的商旅、会议、旅游团体、餐饮娱乐等提供周到便利的综合服务。
地址：琴岛市XXX路XX号XX大厦#A座 电话（TEL）：0029-8088 9999
传真（FAX）：0029-8088 9999 邮编（P.C.）：296001

图 7-47 绘制的直线

任务四 绘制指示地图

(1) 选择工具箱中的直线工具，在工具选项栏中设置【粗细】为 0.3 厘米，并按下

□(像素填充)按钮,如图 7-48 所示。

图 7-48　直线工具选项栏

(2) 在【图层】面板中创建一个新图层"图层 9"。

(3) 设置前景色为任意颜色,然后在图像窗口的右下角拖动鼠标,绘制一个地图形状。为了表现出马路的宽窄,在绘制时要随机调整【粗细】的值,结果如图 7-49 所示。

图 7-49　绘制的地图形状

(4) 单击菜单栏中的【图层】/【图层样式】/【描边】命令,在弹出的【图层样式】对话框中设置描边的颜色为黄褐色(CMYK:50,80,100,25),其他参数设置如图 7-50 所示。

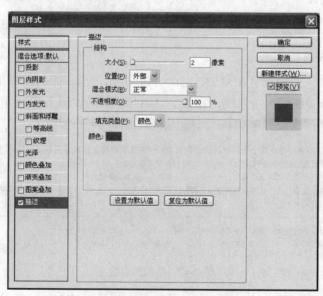

图 7-50　【图层样式】对话框

(5) 单击 确定 按钮,为绘制的地图形状添加描边效果。

(6) 在【图层】面板中设置"图层 9"的【填充】值为 0%,如图 7-51 所示,则此时的地图只显示了描边轮廓，效果如图 7-52 所示。

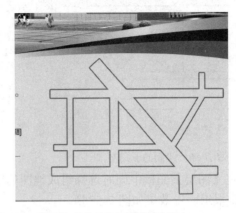

图 7-51 【图层】面板   图 7-52 地图效果

(7) 在【图层】面板中创建一个新图层"图层 10"，然后同时选择"图层 10"和"图层 9"，按下 Ctrl+E 键合并图层，则将图层效果应用到图像上。

(8) 选择工具箱中的矩形选框工具 ⬚，按住 Shift 键的同时选择每一条马路的堵头处，如图 7-53 所示。

(9) 按下 Delete 键删除选择的图像部分，然后按下 Ctrl+D 键取消选区，则地图效果如图 7-54 所示。

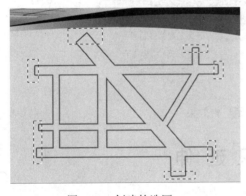
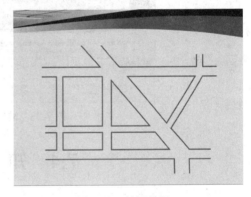

图 7-53 创建的选区   图 7-54 地图效果

(10) 选择工具箱中的自定形状工具 ，在工具选项栏中选择【形状】为"五角形"，并按下 ⬚(像素填充)按钮，如图 7-55 所示。

图 7-55 自定形状工具选项栏

(11) 设置前景色为红色(CMYK：0，100，100，0)，在图像窗口中绘制一个五角形，用于代表酒店的位置，如图 7-56 所示。

(12) 选择工具箱中的横排文字工具 T，在画面中输入酒店名称及马路名称等文字信息，并设置适当的字体、大小等参数，结果如图 7-57 所示。

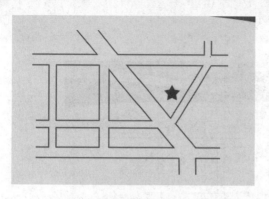

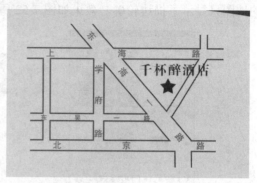

图 7-56　绘制的五角星　　　　　　　　　　　　图 7-57　输入的文字

　　(13) 在【图层】面板中同时选择组成地图的所有图层，按下 Ctrl+E 键合并为一层，最终的酒店报纸广告效果如图 7-58 所示。

图 7-58　酒店报纸广告效果

7.4　知 识 延 伸

知识点一　报纸广告

　　报纸广告是最常见的平面广告之一，其面积可大可小，有整版、横跨双页版、半版、1/4 栏、1/8 栏、报眼、中缝等，甚至还可以划分为若干小方块，如 8 cm×6 cm、5 cm×3 cm 等。由于报纸使用的纸张是新闻纸，所以广告的颜色往往不能如实反映原作品的颜色，通常显得灰暗一些。

1．报纸广告的特性

　　(1) 广泛性。报纸种类很多，发行面广、阅读者多，所以报纸广告的影响面广。

　　(2) 快速性。报纸的销售速度非常快，所以报纸广告也具有快速的渗透作用，容易立竿见影。

(3) 连续性。由于报纸通常为日报或周报，其发行具有连续性，因此报纸广告可以形成系列广告，始终围绕一个核心，但在形式或内容上有所变化。

(4) 时效性。报纸广告的时效性强，往往都具有一定的有效时间范围，比较适合招生广告、展会(活动)广告、楼盘广告、商场促销等。另外，报纸广告的制作费用低，对于短期宣传而言，其性价比很高。

2. 报纸广告的设计原则

由于报纸广告具有自身的一些独特性，因此设计报纸广告时，要注意或遵守以下几个原则：

(1) 标题要简洁、生动、醒目，有吸引力。醒目的标题可以在"瞬间"抓住读者视觉，一目了然，如图 7-59 所示。

(2) 采取简洁明快的构图。报纸广告的构图不应太复杂，应尽量简化，以能够引导读者按照正常顺序读完全文为根本，如图 7-60 所示。

图 7-59　标题鲜明　　　　　　　　图 7-60　构图简洁

(3) 创意要新颖，给读者留有充分的想象空间。

(4) 内容要完整。报纸广告的优势之一就是能够做详尽的说明，所以要充分利用这一优势，详尽地说明广告产品或劳务的利益特点。

(5) 根据报纸纸张与油墨的特点，做出相应的设计。

(6) 广告位置的安排要与广告意图密切结合起来，充分做到广告效果与费用支出之间的平衡。一般来说，第一版引人注目，效果最佳，其他各版、插页、中缝位置逐减。广告位置不同，效果与费用也不同。因此要根据实际情况选择版面。

知识点二　快速蒙版的使用

快速蒙版是临时性的 Alpha 通道。默认情况下，用快速蒙版蒙住的区域相当于图像中未被选择的部分，而未被蒙住的部分相当于选区。使用"快速蒙版"建立选区要比使用选择工具建立选区更加灵活与方便。

打开一幅图像，然后单击工具箱下方的 ▣ 按钮，进入快速蒙版编辑模式，此时【通道】面板中将出现一个临时的"快速蒙版"通道，如图 7-61 所示。这时，设置前景色为黑色，使用绘画工具、填充工具、橡皮擦工具等在图像窗口中拖曳鼠标，则图像中将出现淡红色痕迹，如图 7-62 所示。

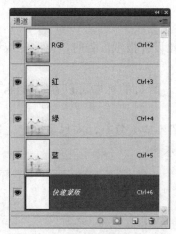

图 7-61 临时的"快速蒙版"通道

图 7-62 淡红色痕迹

事实上，淡红色区域对图像本身不产生任何影响，它只代表了图像中被蒙住的区域，即非选区，所有未被覆盖的区域是选区。再单击工具箱中的 ▣ 按钮，则"快速蒙版"通道消失，如图 7-63 所示，同时未被蒙住的部分转换为选区，如图 7-64 所示。

图 7-63 "快速蒙版"通道消失

图 7-64 创建的选区

利用绘画工具或填充工具可以编辑快速蒙版。用黑色涂抹时涂抹区域呈红色，表示增加蒙版区域；用白色涂抹时红色的蒙版区域变透明，表示减少蒙版区域。

实际上，用户可以设置快速蒙版选项，从而改变默认状态。双击工具箱中的 ▣ 按钮，或者双击【通道】面板中的"快速蒙版"通道，则打开【快速蒙版选项】对话框，如图 7-65 所示。

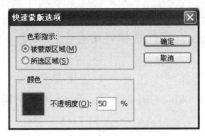

图 7-65 【快速蒙版选项】对话框

在该对话框中,各选项的作用如下:

➢ 选择【被蒙版区域】选项时,当转换到标准编辑模式下时,用蒙版蒙住的图像区域将变成非选区。

➢ 选择【所选区域】选项时,当转换到标准编辑模式下时,用蒙版蒙住的图像区域将变成选区。

➢ 单击左下角的颜色块,可以更改快速蒙版的指示颜色,默认为红色。

➢ 【不透明度】:用于控制快速蒙版颜色的透明程度,默认值为50%。

快速蒙版是 Photoshop 中提供的又一种快速建立选区的方法,当使用选择工具无法完成特殊形状的选区时,可以先建立一个大致轮廓,然后进入快速蒙版编辑模式进行精细修改。

快速蒙版与图层蒙版所能实现的效果基本一致,但是图层蒙版在可视效果、操作上都有一定的优势,所以在实际工作中,快速蒙版并不被经常使用。

知识点三 剪贴蒙版

剪贴蒙版是将相邻的图层组成一组,其中最下面图层中的透明区域作为蒙版,对组内上方的各层起到遮盖的作用。例如,某图层上存在一个形状,它上面的图层上有一个纹理,最上面的图层是文字,如果将这三个图层作为剪贴蒙版,则纹理和文字只能透过最下面的形状显现,如图 7-66 所示。

图 7-66 剪贴蒙版

在 Photoshop 中,创建剪贴蒙版的方法有两种:

> ➢ 按住 Alt 键将光标指向【图层】面板中两个图层之间的分隔线上，当光标变为 ⬒ 形状时单击鼠标，可以将相邻的两个图层建立剪贴蒙版；再次单击则取消剪贴蒙版。

> ➢ 在【图层】面板中选择一个图层，单击菜单栏中的【图层】/【创建剪贴蒙版】命令，或者按下 Alt+Ctrl+G 键，可以将当前图层与其下方的图层建立剪贴蒙版。

只有连续的图层才可以组成一个剪贴蒙版。剪贴蒙版中最下面的图层名称带有下划线，并且被剪贴图层的缩览图缩进显示。剪贴蒙版中所有的图层将被赋予与最下面图层相同的不透明度和模式属性。

知识点四　进一步了解图层蒙版

前面已经对图层蒙版进行了介绍，它的重要意义在于：可以在不破坏图像的情况下完成选择或抠图。当在【图层】面板中创建了图层蒙版以后，可以利用以下三种方法对蒙版进行编辑。

第一，使用画笔。

使用画笔编辑图层蒙版时，重点理解画笔【大小】与【硬度】参数的作用，当硬度值比较大时，抠图的边缘会比较清晰；当硬度值比较小时，抠图的边缘则比较柔和。通常情况下，如果要抠图，则将图像放大显示，然后使用小画笔、高硬度值进行处理；如果要拼接图像，则适合使用大画笔、低硬度值进行处理。

如图 7-67 所示，左侧图像为使用硬度 80% 的画笔编辑的蒙版，右侧图像为使用硬度 0% 的画笔编辑的蒙版，显然边缘效果不同。

图 7-67　使用不同硬度的画笔编辑蒙版的对比

第二，使用渐变色。

编辑图层蒙版时，渐变色的运用相当频繁，通常使用"黑色到白色"或"黑色到透明"的渐变色编辑蒙版，两者有着严格的区别。使用"黑色到白色"渐变色编辑图层蒙版时，起作用的只是最后一次渐变填充，也就是说，后一次操作总是覆盖前一次操作；而使用"黑色到透明"渐变色编辑图层蒙版时，可以叠加操作，即可以在前一次操作的基础上继续完善操作。

如图 7-68 所示，在图层蒙版上作相同的操作，第一次操作是在蒙版上从上向下填充渐变，第二次操作是从下向上填充渐变。左侧图像使用的是"黑色到白色"渐变色，右侧图像使用的是"黑色到透明"渐变色，两者的结果显然不同。

图 7-68　使用不同渐变色编辑蒙版的区别

另外，使用渐变色编辑图层蒙版时，通常适合制作倒影、拼接图像。但是操作时要注意渐变的距离直接影响效果，需要多加练习与体会，才能得心应手。

第三，使用滤镜。

使用滤镜同样可以编辑图层蒙版，其中使用较多的滤镜为【高斯模糊】滤镜、【云彩】滤镜等。

使用【高斯模糊】滤镜可以得到柔边效果，它比控制画笔"硬度"更容易操作，可控制性更强，通常是先使用套索工具创建一个大致的蒙版，然后再使用【高斯模糊】滤镜进行柔边处理。而使用【云彩】滤镜可以创建若隐若现的云雾效果，随机性更强，如图 7-69 所示。

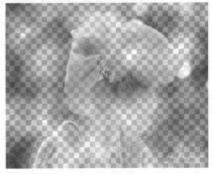

图 7-69　使用【高斯模糊】滤镜与【云彩】滤镜编辑蒙版的效果

7.5　项 目 实 训

请运用提供的素材设计制作一幅楼盘的报纸广告，要求画面自然、唯美、耐看，给人留有充分的想象空间，突出环境美、意境美。

任务分析： 本项目提供了 3 幅照片，操作的关键是将它们合成到一起，而且要求自然协调。合成的时候可以运用快速蒙版进行选择，也可以运用图层蒙版进行合成。

任务素材：

光盘位置：光盘\项目 07\实训。

参考效果：

光盘位置：光盘\项目07\实训。

中文版 Photoshop CS5 工作过程导向标准教程

设计制作 POP 吊旗广告

8.1 项目说明

花雨公司为了迎接十一促销活动，要在某大型超市悬挂一批 POP 吊旗，推广其最新研发的高级洗发露产品，要求画面清爽自然，以突出产品柔顺的护发功效以及纯天然精华的特点。

8.2 项目分析

花雨公司是一家专业生产洗发水、沐浴露等日化产品的公司，其产品"雨辰"系列高级护理洗发露是一款纯天然植物精华产品，所以色彩应以蓝调为主，以突出清爽、飘逸之感。在设计与制作 POP 吊旗时，要注意以下问题：

第一，由于以写真的形式输出，所以文件的分辨率为 72 ppi 即可。

第二，作品尺寸为 50 cm×30 cm。POP 吊旗的尺寸没有固定要求，可以根据材料规格进行设计，以免浪费材料。

第三，POP 作品应简洁，设计上多围绕企业色、产品特点、促销季节等方面进行考虑，同时也要与卖场空间、光线、色彩形成呼应。

8.3 项目实施

制作 POP 吊旗是图文店的一项主要业务，可以使用 Photoshop 完成。小批量输出时通常采用写真的形式。下面介绍该项目的具体实施过程，参考效果如图 8-1 所示。

图 8-1　POP 吊旗广告参考效果

任务一　处理吊旗背景

(1) 启动 Photoshop 软件。

(2) 单击菜单栏中的【文件】/【新建】命令，在弹出的【新建】对话框中设置参数如

图 8-2 所示。

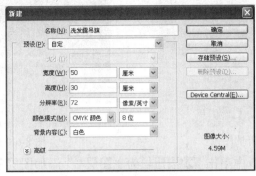

图 8-2 【新建】对话框

(3) 单击 [确定] 按钮，创建一个新文件。

(4) 设置前景色为青色(CMYK：100，30，0，0)，背景色为白色。

(5) 选择工具箱中的渐变工具 ，在工具选项栏中选择"前景色到背景色渐变"，并选择"线性"渐变类型，如图 8-3 所示。

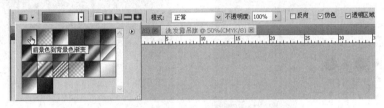

图 8-3 渐变工具选项栏

(6) 在【图层】面板中创建一个新图层"图层 1"，然后按住 Shift 键在图像窗口中由上向下拖曳鼠标，填充渐变色，效果如图 8-4 所示。

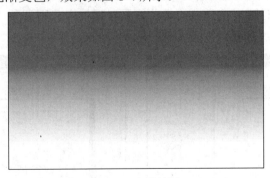

图 8-4 渐变效果

(7) 单击菜单栏中的【文件】/【打开】命令，打开本书光盘"项目 08"文件夹中的"天空大海.jpg"文件，如图 8-5 所示。

(8) 按下 Ctrl+A 键全选图像，然后按下 Ctrl+C 键复制选择的图像，再切换到"洗发露吊旗.psd"图像窗口中，按下 Ctrl+V 键粘贴图像，则把大海图片复制到了当前窗口中，此时【图层】面板中产生"图层 2"。

(9) 按下 Ctrl+T 键添加变换框，分别拖动四周的控制点，调整图像的大小和位置，如图 8-6 所示，最后按下回车键确认变换操作。

图 8-5　打开的图像

图 8-6　变换图像

(10) 在【图层】面板中单击 按钮，为"图层 2"添加图层蒙版。

(11) 设置前景色为黑色，然后选择工具箱中的画笔工具 ，在工具选项栏中设置画笔大小为 70 px，【不透明度】为 60%，如图 8-7 所示。

(12) 在图像窗口中沿着大海图片的上方边缘反复拖动鼠标，编辑图层蒙版，使天空与大海完美地融为一体，效果如图 8-8 所示。

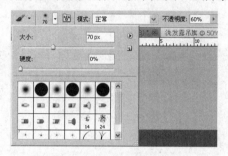

图 8-7　画笔工具选项栏

图 8-8　图像效果

(13) 按下 Shift+Ctrl+E 键合并可见图层，则将所有的图层合并到"背景"层中。

(14) 按下 Ctrl+M 键，在弹出的【曲线】对话框中分别调整"CMYK"通道和"洋红"通道的曲线如图 8-9 所示。

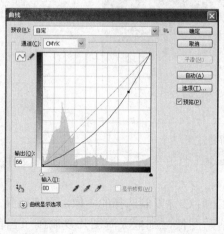

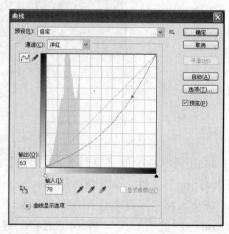

图 8-9　【曲线】对话框

(15) 单击 确定 按钮，调整背景图像的明度与颜色。

(16) 按下 Ctrl+U 键，在弹出的【色相/饱和度】对话框中设置参数如图 8-10 所示。

(17) 单击 确定 按钮，再次调整背景的颜色，结果如图 8-11 所示。

图 8-10 【色相/饱和度】对话框   图 8-11 图像效果

(18) 选择工具箱中的钢笔工具 ，在画面的上方创建一个路径，如图 8-12 所示。

(19) 按下 Ctrl+Enter 键将路径转换为选区，如图 8-13 所示。

图 8-12 创建的路径   图 8-13 将路径转换为选区

(20) 在【图层】面板中创建一个新图层"图层 1"，按下 Ctrl+Delete 键，用背景色 (白色)填充选区，结果如图 8-14 所示。

(21) 选择工具箱中的矩形选框工具 ，然后连续敲击向上的方向键↑6 次，再按下 Shift+Ctrl+J 键，将选区内的图像剪切到一个新图层"图层 2"中，如图 8-15 所示。

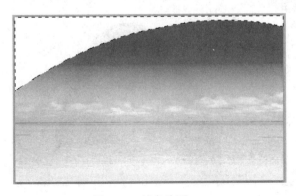

图 8-14 填充选区   图 8-15 【图层】面板

(22) 在【图层】面板中设置"图层 2"的【不透明度】值为 50%，则图像效果如图 8-16 所示。

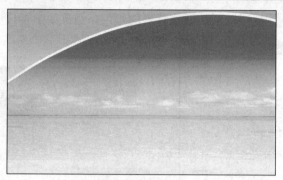

图 8-16 图像效果

任务二 利用通道抠取人物

(1) 打开本书光盘"项目 08"文件夹中的"美女.jpg"文件, 如图 8-17 所示。

(2) 在【图层】面板中复制"背景"图层, 得到"背景 副本"层, 如图 8-18 所示。

图 8-17 打开的图像

图 8-18 【图层】面板

(3) 按下 Ctrl+L 键, 在弹出的【色阶】对话框中设置参数如图 8-19 所示。

(4) 单击 确定 按钮, 使头发变得更暗, 背景略亮, 加大整个画面的对比, 效果如图 8-20 所示。

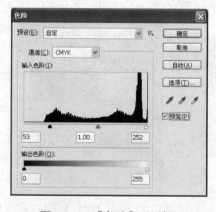

图 8-19 【色阶】对话框

图 8-20 图像效果

(5) 在【通道】面板中选择明暗反差比较大的"青色"通道, 对其进行复制, 得到"青色 副本"通道, 如图 8-21 所示, 这时画面显示为灰度效果, 如图 8-22 所示。

图 8-21　【通道】面板

图 8-22　图像效果

(6) 单击菜单栏中的【图像】/【应用图像】命令，在弹出的【应用图像】对话框中设置【混合】为"柔光"，【不透明度】为 70%，如图 8-23 所示。

图 8-23　【应用图像】对话框

(7) 单击 确定 按钮，使"青色 副本"通道中的图像反差进一步增强。然后按下 Ctrl+I 键，将图像反相，结果如图 8-24 所示。

(8) 设置前景色为白色，选择工具箱中的画笔工具 ，在工具选项栏中设置参数如图 8-25 所示。

图 8-24　图像效果

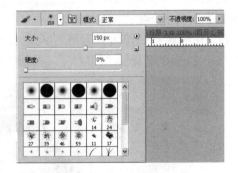
图 8-25　画笔工具选项栏

(9) 在图像窗口中人物的皮肤上拖动鼠标，将人物涂成白色。在处理边缘时，要随时改变画笔的大小与硬度，以得到细致的抠图效果，处理后的效果如图 8-26 所示。

(10) 按住 Ctrl 键单击"青色 副本"通道，将白色载入选区，如图 8-27 所示。

图 8-26　涂抹效果

图 8-27　载入选区

（11）返回【图层】面板中，选择"背景"图层为当前图层。按下 Ctrl+J 键，将选区内的图像复制到一个新图层"图层 1"中。

（12）在【图层】面板中隐藏"背景"层与"背景 副本"层，如图 8-28 所示，这时可以看到人物从背景中分离出来了，如图 8-29 所示。

图 8-28　【图层】面板

图 8-29　将人物从背景中分离

任务三　完成吊旗的设计

（1）接上步，在已经抠取的人物图像窗口中，按下 Ctrl+A 键全选图像，再按下 Ctrl+C 键复制选择的图像，然后粘贴到"洗发露吊旗.psd"图像窗口中，如图 8-30 所示，此时【图层】面板中产生"图层 3"。

（2）仔细观察图像可以发现，人物发丝边缘有白边，极不自然，接下来进行细化处理。按下 Ctrl+J 键复制"图层 3"，得到"图层 3 副本"，如图 8-31 所示。

图 8-30　图像效果

图 8-31　【图层】面板

(3) 在【图层】面板中设置"图层 3"的混合模式为"正片叠底"，如图 8-32 所示；然后选择"图层 3 副本"为当前图层，单击 ![按钮] 按钮，为该层添加图层蒙版，如图 8-33 所示。

图 8-32　【图层】面板　　　　　　　　图 8-33　添加图层蒙版

(4) 设置前景色为黑色，选择工具箱中的画笔工具 ![画笔]，在工具选项栏中设置画笔的参数如图 8-34 所示。

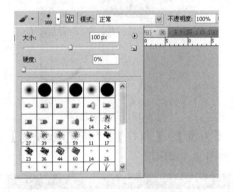

图 8-34　画笔工具选项栏

(5) 在图像窗口中沿飘逸发丝的周围拖动鼠标，编辑蒙版，可以发现头发边缘的白边消失了，擦拭后的效果如图 8-35 所示。

图 8-35　擦拭后的效果

(6) 打开本书光盘"项目 08"文件夹中的"洗发水效果.psd"文件，参照前面的方法，将其复制到"洗发露吊旗.psd"图像窗口中，此时【图层】面板中产生"图层 4"。

(7) 按下 **Ctrl+T** 键添加变换框，调整其大小和位置，结果如图 8-36 所示。

(8) 在【图层】面板中复制"图层 4"，得到"图层 4 副本"，按下 **Ctrl+T** 键添加变换框，调整复制图像的大小和位置，结果如图 8-37 所示。

图 8-36　图像效果　　　　　　　　　　图 8-37　图像效果

(9) 使用矩形选框工具 在图像窗口中创建一个矩形选区，选择小包装的顶盖部分，如图 8-38 所示。

图 8-38　创建的选区

(10) 单击菜单栏中的【图像】/【调整】/【色相/饱和度】命令，在弹出的【色相/饱和度】对话框中设置参数如图 8-39 所示。

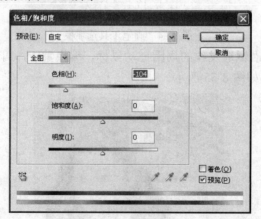

图 8-39　【色相/饱和度】对话框

(11) 单击 确定 按钮，将小包装的顶盖由蓝色调整为绿色，然后按下 **Ctrl+D** 键取消选区。

(12) 打开本书光盘"项目 08"文件夹中的"水 1.jpg"文件，如图 8-40 所示。

(13) 在【通道】面板中可以看到"红"通道的反差较大，所以复制"红"通道，得到"红 副本"通道，如图 8-41 所示。

图 8-40 打开的图像

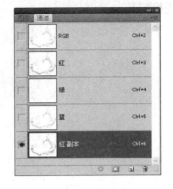
图 8-41 复制通道

(14) 按下 Ctrl+L 键，在弹出的【色阶】对话框中设置各项参数如图 8-42 所示。

(15) 单击 确定 按钮，则图像的明暗对比加大，效果如图 8-43 所示。

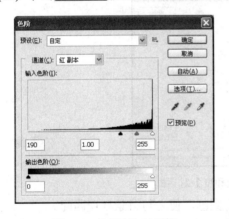
图 8-42 【色阶】对话框

图 8-43 图像效果

(16) 在【通道】面板中按住 Ctrl 键单击"红 副本"通道，载入选区，然后按下 Shift+Ctrl+I 键将选区反向，如图 8-44 所示。

(17) 在【通道】面板中单击"RGB"通道，返回正常图像显示模式。

(18) 按下 Ctrl+C 键复制选择的水波，并将其粘贴到"洗发露吊旗.psd"图像窗口中，如图 8-45 所示，这时【图层】面板中产生"图层 5"。

图 8-44 创建的选区

图 8-45 复制的水波

(19) 按下 Ctrl+T 键添加变换框，调整图像的大小和位置如图 8-46 所示，然后按下回车键确认变换操作。

图 8-46　调整图像的大小和位置

(20) 按下 Ctrl+U 键，在弹出的【色相/饱和度】对话框中设置参数如图 8-47 所示。

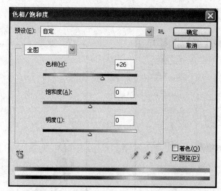

图 8-47　【色相/饱和度】对话框

(21) 单击 [确定] 按钮，适当调整水波的颜色，使之与背景环境匹配。

(22) 在【图层】面板中单击下方的 ◉ 按钮，为"图层 5"添加图层蒙版，如图 8-48 所示。

(23) 设置前景色为黑色，选择工具箱中的画笔工具 ✎，在图像窗口中洗发露下方的水波上反复拖动鼠标，擦除后的效果如图 8-49 所示。

图 8-48　【图层】面板

图 8-49　擦除后的效果

(24) 选择工具箱中的横排文字工具 T ，在画面中分别输入相关的文字，设置适当的字体与大小，并进行修饰，最终效果如图 8-50 所示。

图 8-50　POP 吊旗广告设计效果

(25) 单击菜单栏中的【文件】/【存储】命令，将制作好的文件存储起来。

8.4　知 识 延 伸

知识点一　POP 常识

POP 广告是在一般广告形式的基础上发展起来的新型商业广告形式。随着经济的发展，超级市场的普及，POP 广告应运而生，它通常出现在超级市场货架间、柜台上或悬挂半空中，担当着"向导"的角色。

1. POP 广告的类型

POP 广告的形式多种多样，根据 POP 广告摆放的位置和摆放的方式不同，可以分为以下几种类型：

(1) 吊挂 POP。这种形式的 POP 广告主要悬挂在天花板下方、柜台或货架过道的上方，其形状不拘一格，可以是方形、三角形、梯形或其他形状。

(2) 立地 POP。这种 POP 广告立在地面上，多用硬质材料制作而成，牢固耐用。

(3) 柜台 POP。这是摆放在销售柜台的 POP 广告，例如化妆品、手机等柜台上经常可以看到这类 POP 广告，它在设计上注重内容的鼓动性，突出商品形象。

(4) 橱窗 POP。这种形式的 POP 广告摆放在橱窗内，目的是吸引行人，注重装饰性与吸引力。

2. POP 广告的设计原则

POP 广告的运用能否成功，关键在于广告画面的设计能否简洁、鲜明地传达信息，塑造优美的形象。POP 广告的设计原则如下：

(1) 要注重现场广告的心理攻势。POP 广告具有直接促销的作用，所以设计者要重点研究商品性质以及顾客的需求心理，有的放矢地进行设计。

(2) 造型简练，设计醒目。POP 广告置于商场中要引人注目，必须在造型、色彩上追求独特、醒目、突出的特点。

(3) 注重摆放位置和方式的设计与整体的协调性。由于 POP 广告特点的限制，在设计与制作时，要从加强商场形象的整体出发，使其具有广告与装饰作用，渲染商场的营销气氛。

(4) 设计要服从于企业形象。POP 广告是在销售点对某一具体商品进行宣传，它的设计必须服从企业的整体形象设计，从企业整体进行策划才能达到良好的宣传效果。

知识点二　关于 RGB 与 CMYK 模式

在不同的领域中，颜色的表现方法是不同的。画家用颜料来调配颜色，而电脑则用数码控制颜色。对于图形图像处理软件来说，色彩模式是至关重要的。

1. RGB 模式

RGB 模式也称光色的三原色，属于自然色彩模式。这种模式是以 R(Red：红)、G(Green：绿)、B(Blue：蓝)三种基本色光为基础，进行不同程度的叠加，从而产生丰富而广泛的颜色，所以又叫加色模式。RGB 模式大约可反映出 1680 万种颜色，是应用最为广泛的色彩模式。各参数取值范围为：R：0～255，G：0～255，B：0～255。

RGB 模式主要用于对光色的模拟，当三束光色均以 255 的亮度进行叠加时，就产生了白色，如图 8-51 所示。电视机、显示器、投影仪等都是基于这种模式来表现颜色的。

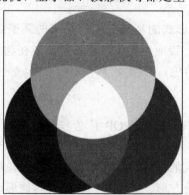

图 8-51　RGB 模式

2. CMYK 模式

CMYK 模式也称印刷四分色，亦属于自然色彩模式。该模式是以 C(Cyan：青)、M(Magenta：洋红)、Y(Yellow：黄)、K(Black：黑色，为了区别于 Blue(蓝色)，所以用 K 表示)为基本色，它表现的是白光照射到物体上，经物体吸收一部分颜色后，反射而产生的色彩，因此又称减色模式。CMYK 色彩模式被广泛应用于印刷、制版行业。各参数取值范围为：C：0～100%，M：0%～100%，Y：0%～100%，K：0%～100%。

实际上，青、洋红、黄是颜料的三原色。这三种颜色在混合时，随着三种成分的增多，吸收的色光也随之增多，从而反射到人眼的光会越来越少，光线的亮度会越来越低。原理上 C(青)、M(洋红)、Y(黄)三种颜色进行不同比例的配合，可以产生各种颜色。当三种颜色都达到 100%时，就会产生黑色，如图 8-52 所示。

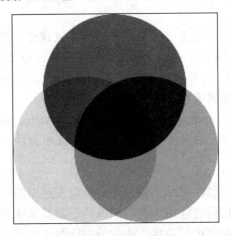

图 8-52　CMYK 模式

但是，在实际操作过程中，目前的制造工艺不能造出高纯度的油墨，每种油墨中都含有杂质，以至于 C、M、Y 三原色 100%的混合结果不是纯黑色，会略显暗红色。因此为了印刷的需要，在三原色的基础上，加入了一种黑色，于是形成 CMYK 模式。

知识点三　认识通道

在 Photoshop 中，通道主要有两个作用：一是存储彩色信息，二是保存选区。一般地，用于保存彩色信息的通道称为颜色通道，用于保存选区的通道称为 Alpha 通道。还可以在图像中加入专色通道，来为图像指定专色油墨。

1. 【通道】面板

我们对通道的观察与操作是通过【通道】面板完成的。单击菜单栏中的【窗口】/【通道】命令，可以打开【通道】面板，如图 8-53 所示。

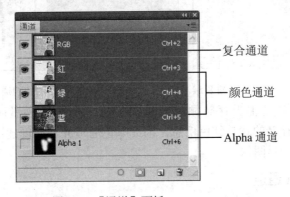

图 8-53　【通道】面板

在【通道】面板中，从上至下依次是复合通道、颜色通道和 Alpha 通道。其中，复合通道是由颜色通道混合形成的图像；颜色通道是随着创建文件时产生的；Alpha 通道是根据设计需要创建的。

在【通道】面板中，颜色通道始终位于上方，Alpha 通道始终位于下方。我们可以进行以下基本操作：

> 单击【通道】面板中的某一通道，可以选择该通道，此时被选择的通道称为当前通道。按住 Shift 键单击不同的通道，可以选择多个通道。

> 单击面板左侧的显示/隐藏通道图标，当出现 👁 图标时，可以显示该通道的信息，反之隐藏该通道。

> 按住 Ctrl 键单击某一通道(可以是颜色通道或 Alpha 通道)，可以载入选区，在【通道】面板中，白色对应选区，黑色对应非选区。

2. 复合通道

复合通道不包含任何信息，实际上它只是多个颜色通道的混合效果，也就是我们所看到的"图像"本身，它的作用往往用于返回图像的正常显示状态，即当编辑某个颜色通道时，图像窗口中显示的是通道中的内容，通常为灰度图，如果要返回图像状态，则需要单击复合通道。

3. 颜色通道

颜色通道用于保存图像的颜色信息，当在 Photoshop 中编辑图像时，实际上就是在编辑颜色通道。每一幅图像都包含一个或多个颜色通道，其数目取决于图像的颜色模式。通常情况下，位图模式、灰度图、双色调和索引颜色图像只有一个通道；而 RGB 图像、Lab 图像有 3 个通道；CMYK 图像则有 4 个通道，如图 8-54 所示为同一幅图像在不同颜色模式下的通道数。

图 8-54　灰度、RGB、CMYK 模式图像的通道

颜色通道就是用于存储颜色信息的，每一个通道中都存储了相应的颜色，例如，"红"通道中存储的就是红色信息，因此颜色通道并不能创建图像特效，但是它可以修复或调整劣质的扫描图像。

4. Alpha 通道

Alpha 通道是一种特殊的通道，主要用于保存选区。默认状态下，Alpha 通道中的白色部分代表了被保存的选区。如图 8-55 所示，左图为正常状态下的选区，右图为选区被保存以后，在 Alpha 通道中的表现形式。

正常状态下的选区

在 Alpha 通道中，白色代表存储的选区

图 8-55   选区与 Alpha 通道的对应关系

Alpha 通道除了可以保存选区外，还可以用于制作图像特效，例如，混合图像、创建特殊形状的选区、制作过渡效果等。

5. 专色通道

专色通道是用来存储专用彩色信息的通道。在印刷行业，采用的是 CMYK 色彩模式，这种色彩模式在表现图像色彩上有一定的局限性。为了更好地表现图像效果，通常向图像中添加专色(如烫金)，专色存储在专色通道中。

一般地，在图像中添加专色时必须给它命名，以便专色被那些读取文件的其他应用程序识别，否则文件不能被正确打印，甚至根本不能打印。

知识点四　通道的基本操作

在 Photoshop 中，通道用于存储图像的颜色信息和选区，对通道的操作与管理需要借助【通道】面板。

1. 新建通道

新建通道操作主要是针对 Alpha 通道而言的，我们不能创建颜色通道，颜色通道是伴随着新建图像或打开图像时自动产生的。Alpha 通道的创建方法有两种：一是存储选区时产生的；二是通过【通道】面板创建的。

1) 通过选区新建通道

无论以什么方式创建的选区都可以存储到 Alpha 通道中，也就是将选区转换为 Alpha 通道，这时【通道】面板中会自动产生 Alpha 通道。

方法一：创建一个选区，然后单击【通道】面板下方的 ▣ 按钮，即可将选区保存为 Alpha 通道。在 Alpha 通道内，选区被填充为白色，非选区被填充为黑色。

方法二：创建一个选区，然后单击菜单栏中的【选择】/【存储选区】命令，则弹出【存储选区】对话框，如图 8-56 所示，这时单击 确定 按钮，就可以新建一个 Alpha 通道。

图 8-56 【存储选区】对话框

2) 通过【通道】面板新建通道

既然 Alpha 通道与选区之间存在一种对应关系,我们就可以通过创建或修改 Alpha 通道来得到特殊形态的选区。

在【通道】面板中可以直接新建 Alpha 通道:单击 按钮,将自动创建一个 Alpha 通道,其名称为"Alpha 1";再次单击 按钮,则建立"Alpha 2"通道……依次类推。

通过这种方法创建的 Alpha 通道中并没有任何内容,在图像窗口中表现为黑色,用户只需在新建的 Alpha 通道内填充或涂抹白色即可创建选区。这一点非常重要,可以让我们的创作更加自由。

2. 通道的复制与删除

不论是颜色通道还是 Alpha 通道,都可以进行复制与删除。

如果要在同一幅图像中复制通道,可以在【通道】面板中将光标指向要复制的通道,将其拖曳至面板下方的 按钮上即可,如图 8-57 所示为复制了"红"通道,得到"红副本"通道。

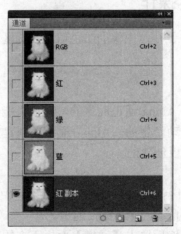

图 8-57 复制通道

删除通道的操作非常简单,在【通道】面板中选择要删除的通道,单击面板下方的 按钮,即可删除选中的通道。如果删除的是彩色信息通道,图像的颜色模式将发生转变,将变为多通道模式的图像。对于多通道模式的图像来说,各通道之间不再有特殊的关系,不产生合成图像,即没有复合通道;相反,各通道之间相互独立,均为一个灰度图像。例如，一个 RGB 模式的图像删除"红"通道后，就形成了多通道模式图像，这时的【通道】面板如图 8-58 所示。

图 8-58　删除"红"通道后的面板

3. 通道的分离与合并

在【通道】面板中可以将图像的通道分离为单独的灰度图像。分离后原文件被关闭，而单个通道出现在单独的灰度图像窗口中，新窗口的标题栏显示原文件名及通道的缩写。下面，通过实例介绍分离通道的基本操作步骤：

(1) 首先打开一幅图像，图像的【通道】面板如图 8-59 所示。

 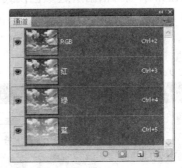

图 8-59　打开的图像及其【通道】面板

(2) 在【通道】面板菜单中选择【分离通道】命令，如图 8-60 所示，则图像被分离为单独的灰度图，如图 8-61 所示。

图 8-60 执行【分离通道】命令　　图 8-61 分离后产生的单独的灰度图

　　合并通道与分离通道的操作正好相反，执行该操作后，可以将多个灰度图像合并成一个图像。合并通道时可以将一个或多个通道中的数据混合到新的通道中，但要合并的图像必须是灰度模式，而且具有相同的尺寸并处于打开状态。

　　下面，将分离的通道再合并到一起。

　　(1) 首先在【通道】面板菜单中选择【合并通道】命令，如图 8-62 所示，则弹出【合并通道】对话框，如图 8-63 所示。

图 8-62　执行【合并通道】命令　　　　图 8-63　【合并通道】对话框

　　(2) 在【合并通道】对话框的【模式】下拉列表中选择适当的颜色模式，然后单击 **确定** 按钮，系统将根据所选颜色模式弹出相应的合并通道对话框。如图 8-64 所示为选择"RGB 颜色"模式时的对话框，单击 **确定** 按钮，完成合并通道的操作，结果图像又复原了，如图 8-65 所示。

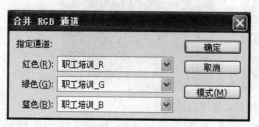

图 8-64　【合并 RGB 通道】对话框　　　　图 8-65　合并后的图像

知识点五　Alpha 通道与选区

　　Alpha 通道与选区之间存在着一种对应关系，这种对应关系如下：

白色区域——选区、　　　　黑色区域——非选区、　　　　灰色区域——羽化

　　正是由于这种对应关系的存在，所以 Alpha 通道具有以下典型的应用：

　　(1) Alpha 通道的出现为我们重复使用同一个选区提供了有力的技术支持。我们知道，在处理图像的过程中，一旦取消了选区，就很难再创建一个完全相同的选区，而 Alpha 通道使这个问题迎刃而解，将选区存储到 Alpha 通道中，就可以无限次地使用同一个选区了。

(2) 利用通道进行抠图。通常情况下，在抠图之前要先观察【通道】面板，选择轮廓清晰、反差比较大的颜色通道，将其复制，然后结合色彩调整命令、绘画工具对其进行处理，使之反差更加强烈。

当将一个颜色通道复制以后，它就变成了一个 Alpha 通道，这时通道中的白色对应选区，黑色对应非选区，而灰色对应图像的不透明度。也就是说，在复制的通道中涂抹白色，相当于增大选区；涂抹黑色，相当于减小选区。而灰色的深浅决定了将图像抠取出来以后图像的透明程度。

(3) Alpha 通道与选区之间可以相互转换，最快捷的转换方法如下：

➢ 　按住 Ctrl 键的同时单击 Alpha 通道，可以载入通道中保存的选区。

➢ 　按住 Shift+Ctrl 键的同时单击多个 Alpha 通道，可以得到相加的选区。

➢ 　按住 Alt+Ctrl 键的同时单击多个 Alpha 通道，可以得到相减的选区。

➢ 　按住 Alt+Shift+Ctrl 键的同时单击面板中的 Alpha 通道，可以得到该通道中的选区与原选区的交叉区域。

知识点六　应用图像

应用图像是指将一个图像的通道应用到另一个图像中，从而形成一种很特别的艺术效果。【应用图像】命令可以将一个图像的图层和通道(源)与当前图像的图层和通道(目标)混合为一体。该命令主要用于合成复合通道和单个通道的内容。

应用图像的基本操作步骤如下：

(1) 打开源图像和目标图像。

(2) 将源图像中的一个通道复制到目标图像中，如果想混合 Alpha 通道，则在目标图像中创建 Alpha 通道。

(3) 单击菜单栏中的【图像】/【应用图像】命令，则弹出【应用图像】对话框，如图 8-66 所示。

图 8-66 【应用图像】对话框

➢ 　在【源】下拉列表中选择要与目标混合的源图像。

➢ 　在【图层】下拉列表中选择要与目标混合的图层，如果要使用源图像中的所有图层，则在【图层】下拉列表中选择"背景"选项。

➢ 　在【通道】下拉列表中选择用于混合的通道，可以是 Alpha 通道，也可以是颜色通道。

➢ 选择【反相】选项,可以将通道图像反相。

➢ 在【混合】下拉列表中选择要应用的混合选项,即各种混合模式。

➢ 【不透明度】:该选项用于设置混合通道时的不透明度。

➢ 选择【保留透明区域】选项时,只将效果应用于图像的不透明区域。

➢ 选择【蒙版】选项,可以透过蒙版应用混合效果,选择该项后,可以在对话
框中设置包含蒙版的图像和图层。

(4) 在对话框中设置相关选项,然后单击 确定 按钮,可以应用混合效果。

【应用图像】命令的作用相当于将一幅图像复制到另一幅图像中,然后再通过图层的
混合模式和不透明度将两幅图像混合在一起。该命令既可以应用于两个图像之间,也可以
应用于同一个图像的不同图层或通道之间。

8.5 项目实训

某商场为配合新产品"花露水"上市,需要在一定的区间内悬挂一批吊旗广告,时间
为春季,并提供了适量的设计素材。

任务分析:在春季上市新产品,自然会联想到绿色,因为它代表了生机与前景,所以
在设计吊旗时以绿色为基调,配合矢量的唯美元素,表达出清爽、希望的感觉,操作上需
要运用通道技术将大树抠出来,使其自然地融入画面之中。

任务素材:

光盘位置:光盘\项目 08\实训。

参考效果:

光盘位置:光盘\项目 08\实训。

中文版 Photoshop CS5 工作过程导向标准教程..

设计制作摄影机构手提袋

9.1　项 目 说 明

异彩摄影有限公司是一家专业广告摄影机构，为了扩大公司的影响，计划制作一款手提袋，用于为客户盛装摄影作品或免费发放。手提袋尺寸为 30 cm×20 cm×5 cm。

9.2　项 目 分 析

手提袋一直是企业 VI 设计中的一项重要元素，除了可以盛装产品以外，对宣传企业形象、提高企业知名度具有重要意义。本项目的客户为广告摄影公司，所以，设计手提袋时，可以将摄影作品与器材作为创作元素，选取一些精美图片作为素材进行设计。具体操作中要注意以下问题：

第一，手提袋的尺寸要求为 30 cm×20 cm×5 cm，所以制作时要正确计算出展开后的尺寸，充分考虑粘口大小与出血位。

第二，作品分辨率应设置为 300 ppi，以便于保证印刷质量。

第三，本例为了便于理解，提供了一个预处理文件，标识出了手提袋展开后的效果。实际工作过程中，只要正确计算出尺寸即可。

9.3　项 目 实 施

由于本例提供了预处理文件，所以不需要考虑尺寸计算问题，只要打开该文件，在此基础上制作出手提袋的正面与侧面即可，其平面展开图与立体图的参考效果如图 9-1 所示。

图 9-1　手提袋的平面展开图与立体图的参考效果

任务一　创建一个新文件

(1) 启动 Photoshop 软件。

(2) 单击菜单栏中的【文件】/【打开】命令，打开本书光盘"项目 09"文件夹中的"手提袋展开图.psd"文件。

(3) 单击菜单栏中的【文件】/【存储为】命令，将当前文件存储到自己的电脑上，取名为"异彩手提袋.psd"。

(4) 根据平面展开图折痕位置创建参考线，便于制作，结果如图 9-2 所示。

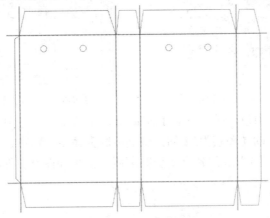

图 9-2　创建的参考线

(5) 选择工具箱中的矩形选框工具，在图像窗口中依据参考线拖动鼠标，建立一个矩形选区，如图 9-3 所示。

(6) 在【图层】面板中创建一个新图层"图层 1"。

(7) 设置前景色为淡绿色(CMYK：20，0，30，0)，按下 Alt+Delete 键，用前景色填充选区，然后按下 Ctrl+D 键取消选区，则图像效果如图 9-4 所示。

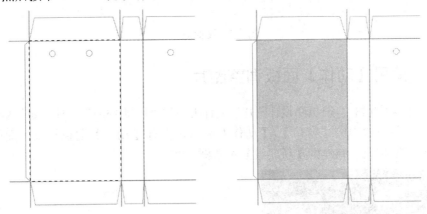

图 9-3　创建的选区　　　　　　　图 9-4　图像效果

(8) 单击菜单栏中的【文件】/【置入】命令，将本书光盘"项目 09"文件夹中的"花纹 1.ai"文件置入图像窗口中，并调整其大小和位置如图 9-5 所示。

(9) 在"花纹 1"层上单击鼠标右键，在弹出的快捷菜单中选择【栅格化图层】命令，将当前的智能对象图层栅格化。

(10) 在【图层】面板中单击(锁定透明像素)按钮，锁定"花纹 1"层的透明像素，然后将其【不透明度】值设置为 40%，如图 9-6 所示。

图 9-5　置入的花纹　　　　　　　　图 9-6　　【图层】面板

(11) 设置前景色为白色，按下 Alt+Delete 键，用前景色填充图层。

(12) 单击菜单栏中的【图层】/【创建剪贴蒙版】命令(或者按下 Alt+Ctrl+G 键)，则在"花纹 1"层与"图层 1"之间建立了剪贴蒙版，效果如图 9-7 所示。

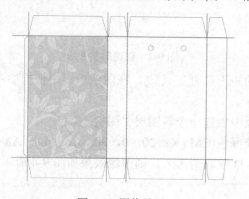

图 9-7　图像效果

任务二　使用【动作】面板调整图片

(1) 打开本书光盘"项目 09\设计图片"文件夹中的"风景 1.jpg"文件，如图 9-8 所示。

(2) 单击菜单栏中的【窗口】/【动作】命令，打开【动作】面板，单击面板下方的 ▢ (创建新组)按钮，则弹出【新建组】对话框，如图 9-9 所示。

图 9-8　打开的图像　　　　　　　　图 9-9　【新建组】对话框

(3) 单击 [确定] 按钮，则在【动作】面板中创建了一个新动作组"组 1"，如图

9-10 所示。

(4) 在【动作】面板中单击 (创建新动作)按钮，在弹出的【新建动作】对话框中设置选项如图 9-11 所示。

图 9-10　【动作】面板　　　　　　　图 9-11　【新建动作】对话框

(5) 单击 ▭记录▭ 按钮，则【动作】面板中的 (开始记录)按钮将显示为红色，说明下面的操作将被记录为"动作 1"，如图 9-12 所示。

(6) 单击菜单栏中的【图像】/【图像大小】命令，在弹出的【图像大小】对话框中设置参数如图 9-13 所示。

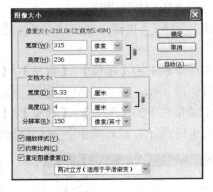

图 9-12　　【动作】面板　　　　　　图 9-13　　【图像大小】对话框

(7) 单击 ▭确定▭ 按钮，更改图像的大小。

(8) 单击菜单栏中的【图像】/【画布大小】命令，在弹出的【画布大小】对话框中设置参数如图 9-14 所示。

(9) 单击 ▭确定▭ 按钮，更改画布的大小。

(10) 在【动作】面板中单击 ▣(停止记录)按钮，停止"动作 1"的记录，同时 ◉(开始记录)按钮显示为灰色，表示完成了动作记录，如图 9-15 所示。

图 9-14　　【画布大小】对话框　　　　图 9-15　　【动作】面板

(11) 按下 Ctrl+W 键关闭"风景 1.jpg"文件，但是不保存文件，这里只是利用它录制了一个动作。

(12) 打开本书光盘"项目 09\设计图片"里的"风景 2.jpg"文件，如图 9-16 所示。

(13) 在【动作】面板中单击 (创建新动作)按钮，在弹出的【新建动作】对话框中设置选项如图 9-17 所示。

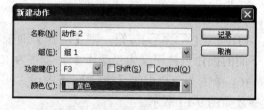

图 9-16　打开的图像　　　　　　　　图 9-17　【新建动作】对话框

(14) 单击 记录 按钮，则开始记录"动作 2"，此时的 (开始记录)按钮显示为红色。

(15) 单击菜单栏中的【图像】/【调整】/【曲线】命令，在弹出的【曲线】对话框中调整曲线如图 9-18 所示，然后单击 确定 按钮，将图片调亮。

(16) 单击菜单栏中的【图像】/【调整】/【色阶】命令，在弹出的【色阶】对话框中设置参数如图 9-19 所示，然后单击 确定 按钮，加强图片的对比度。

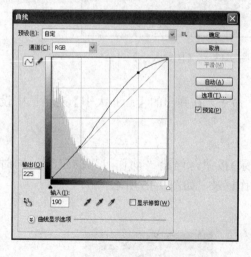

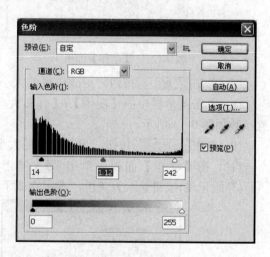

图 9-18　【曲线】对话框　　　　　　　图 9-19　【色阶】对话框

(17) 在【动作】面板中单击 (停止记录)按钮，完成"动作 2"的记录。

(18) 按下 Ctrl+W 键关闭"风景 2.jpg"文件，并且不要保存文件。

(19) 单击菜单栏中的【文件】/【自动】/【批处理】命令，打开【批处理】对话框，在【动作】选项中选择"动作 1"，然后单击 选择(C)... 按钮，选择本书光盘"项目 09"文件夹中的"设计图片"文件夹，其他参数设置如图 9-20 所示。

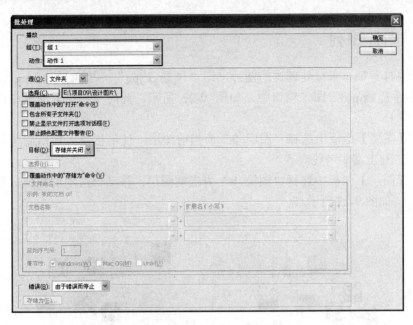

图 9-20 【批处理】对话框

(20) 单击 确定 按钮，则文件夹内所有的图片将按照"动作 1"自动完成操作，所有的图片将统一设置为相同的大小，这样就不必逐张进行调整了。

(21) 单击菜单栏中的【文件】/【自动】/【批处理】命令，打开【批处理】对话框，在【动作】选项中选择"动作 2"，其他参数与"动作 1"相同，如图 9-21 所示。

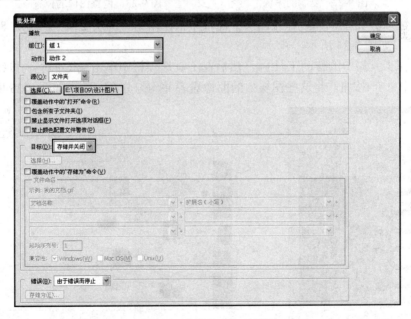

图 9-21 【批处理】对话框

(22) 单击 确定 按钮，则文件夹中的所有图片将按照"动作 2"完成操作，即完成【曲线】和【色阶】的调整。

任务三 图片排列

(1) 依次打开每一张批处理过的图片，即"风景 1.jpg"～"风景 14.jpg"，将它们复制到"异彩手提袋.psd"图像窗口中，如图 9-22 所示，此时【图层】面板中产生"图层 2"～"图层 15"。

(2) 在【图层】面板中选择"图层 2"为当前图层，使用移动工具将该层中的图像移动到上端，与上端参考线对齐。

(3) 在【图层】面板中选择"图层 8"为当前图层，移动该层中的图像，使其与下端参考线对齐，如图 9-23 所示。

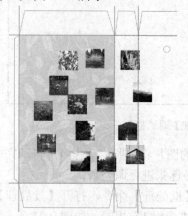

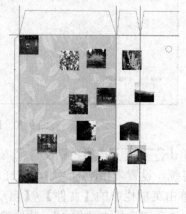

图 9-22　复制的图像　　　　　　　　图 9-23　调整图像的位置

(4) 按住 Ctrl 键的同时，在【图层】面板中依次单击"图层 2"～"图层 8"，同时选择这些图层，如图 9-24 所示。

(5) 选择工具箱中的移动工具，然后在工具选项栏中单击（左对齐)按钮，再单击（垂直居中分布)按钮，将这些图层中的图像对齐并均匀分布，效果如图 9-25 所示。

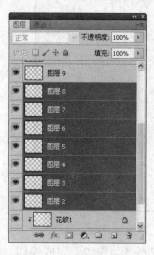
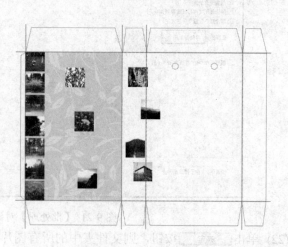

图 9-24　【图层】面板　　　　　　　图 9-25　分布并对齐图像

(6) 在【图层】面板中选择"图层 9"为当前图层，使用移动工具 🔧 将该层中的图像移动到上端参考线位置；用同样的方法，再将"图层 15"中的图像移动到下端参考线位置，如图 9-26 所示。

(7) 在【图层】面板中同时选择"图层 9"～"图层 15"。

(8) 选择工具箱中的移动工具 🔧，然后在工具选项栏中单击 ▣(左对齐)按钮，再单击 ▤(垂直居中分布)按钮，结果如图 9-27 所示。

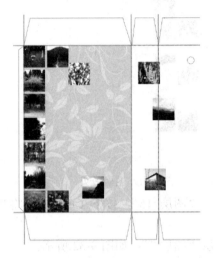

图 9-26　调整图像的位置　　　　　　　　图 9-27　分布并对齐图像

(9) 使用移动工具 🔧 在左侧第 2 个图片上单击鼠标右键，在弹出的快捷菜单中选择"图层 5"，选择该图像所在的图层，如图 9-28 所示。

(10) 在【图层】面板中单击 ▣(锁定透明像素)按钮，锁定"图层 5"的透明像素区域，如图 9-29 所示。

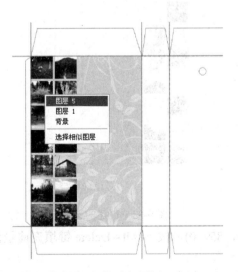

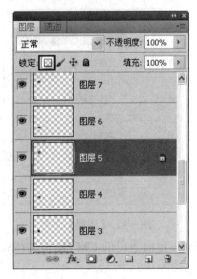

图 9-28　选择图层　　　　　　　　　　　图 9-29　【图层】面板

(11) 设置前景色的 CMYK 值为(5，10，30，5)，按下 Alt+Delete 键填充前景色，则

图像效果如图 9-30 所示。

(12) 用同样的操作方法，将左侧第 4 和第 6 个图片、右侧第 1 和第 5 个图片填充上相同的颜色，结果如图 9-31 所示。

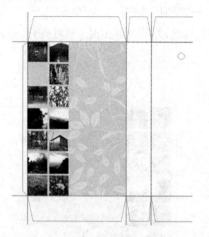 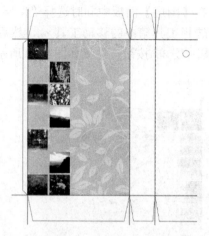

图 9-30　图像效果　　　　　　　　　图 9-31　图像效果

(13) 在【图层】面板中同时选择"图层 2"～"图层 15"，按下 **Ctrl+E** 键将其合并为一层，并重新命名为"图层 2"。

(14) 在【图层】面板的最上方创建一个新图层"图层 3"，如图 9-32 所示。

(15) 选择工具箱中的椭圆选框工具 ○，在图像窗口中创建一个圆形选区，如图 9-33 所示。

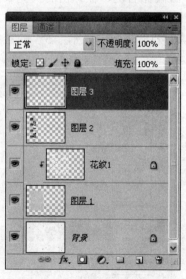 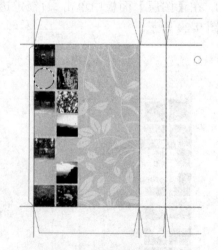

图 9-32　【图层】面板　　　　　　　　图 9-33　创建的选区

(16) 设置前景色的 CMYK 值为(55，15，85，0)，按下 **Alt+Delete** 键填充前景色，则图像效果如图 9-34 所示。

(17) 单击菜单栏中的【选择】/【修改】/【收缩】命令，在弹出的【收缩选区】对话框中设置参数如图 9-35 所示。

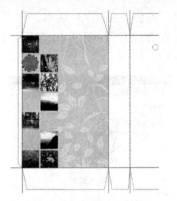

图 9-34　图像效果　　　　　图 9-35　【收缩选区】对话框

(18) 单击 按钮，将选区收缩，如图 9-36 所示。

(19) 设置背景色为白色，按下 Ctrl+Delete 键填充背景色，结果如图 9-37 所示。

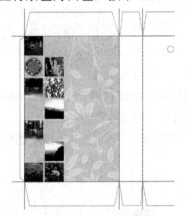
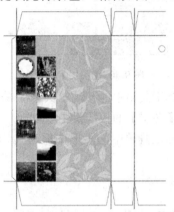

图 9-36　收缩选区　　　　　　图 9-37　图像效果

(20) 用同样的方法，将选区再收缩 25 像素，设置前景色的 CMYK 值为(35，90，10，0)，按下 Alt+Delete 键填充前景色，结果如图 9-38 所示。

(21) 用同样的方法，将选区再收缩 25 像素，按下 Delete 键删除选区中的图像，再按下 Ctrl+D 键取消选区，则图像效果如图 9-39 所示。

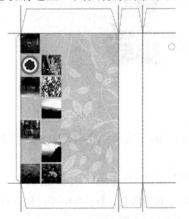
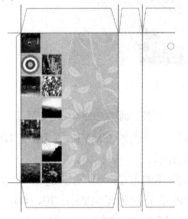

图 9-38　图像效果　　　　　　图 9-39　图像效果

(22) 在【图层】面板中复制"图层 3"两次，得到"图层 3 副本"和"图层 3 副本 2"，然后设置"图层 3 副本"的混合模式为"正片叠底"，如图 9-40 所示；设置"图层 3 副本 2"的混合模式为"线性光"，如图 9-41 所示。

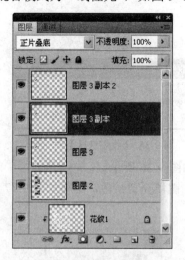

图 9-40　【图层】面板　　　　　　　　图 9-41　【图层】面板

(23) 选择工具箱中的移动工具，将复制的两个图像移动到下方，如图 9-42 所示。

(24) 在【图层】面板的最上方创建一个新图层"图层 4"。

(25) 选择工具箱中的矩形选框工具，在图像窗口中创建一个矩形选区，如图 9-43 所示。

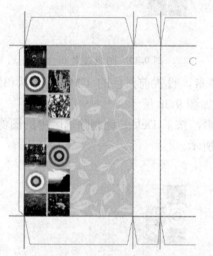
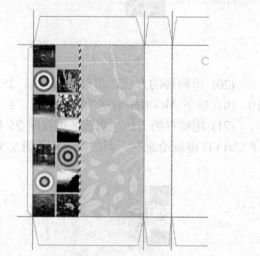

图 9-42　调整复制图像的位置　　　　　　图 9-43　创建的选区

(26) 设置前景色的 CMYK 值为(0，100，20，0)，按下 Alt＋Delete 键填充前景色，结果如图 9-44 所示。

(27) 用同样的方法，继续创建 4 个宽度不同的矩形选区，并分别填充不同颜色，从左到右的颜色值分别为(CMYK：70，40，0，0)、(CMYK：0，50，0，0)、(CMYK：0，0，100，0)和(CMYK：55，15，85，0)，结果如图 9-45 所示。

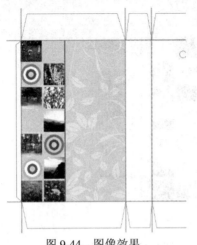

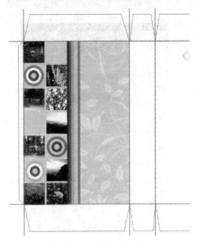

图 9-44　图像效果 　　　　　　　图 9-45　图像效果

任务四　添加文字并完成设计

（1）打开本书光盘"项目 09"文件夹中的"异彩标识组合.psd"文件，如图 9-46 所示。

（2）按下 Ctrl+A 键全选图像，然后按下 Ctrl+C 键复制图像，再切换到"异彩手提袋.psd"图像窗口中，按下 Ctrl+V 键粘贴图像，将标识文字复制到当前窗口中，调整位置如图 9-47 所示，此时【图层】面板中会产生"图层 5"。

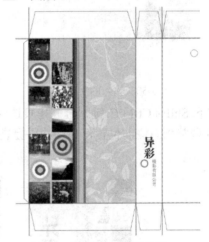

图 9-46　打开的图像 　　　　　　　图 9-47　调整图像的位置

（3）在【图层】面板中复制"图层 5"，得到"图层 5 副本"，如图 9-48 所示。

（4）按下 Ctrl+T 键添加变换框，按住 Shift 键拖动角端的控制点，将复制的标识文字图像适当放大，调整其位置如图 9-49 所示，然后按下回车键确认操作。

（5）选择工具箱中的横排文字工具 **T**，在画面中输入地址信息等文字，设置合适字号，并调整至合适位置，如图 9-50 所示。

（6）选择工具箱中的矩形选框工具 **□**，在图像窗口中创建一个矩形选区，如图 9-51 所示。

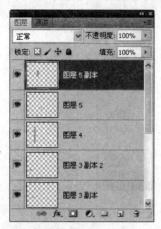

图 9-48 【图层】面板

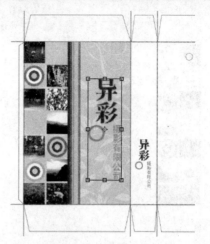

图 9-49 变换图像

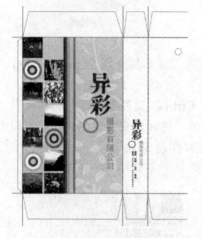

图 9-50 输入的文字

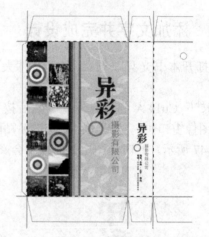

图 9-51 创建的选区

(7) 按下 Shift+Ctrl+C 键，合并拷贝选区中的图像，再按下 Ctrl+V 键，粘贴拷贝的图像，将其调整到右侧的位置，最终的手提袋平面展开图效果如图 9-52 所示。

图 9-52 手提袋平面展开图效果

9.4 知 识 延 伸

知识点一 手提袋的相关知识

手提袋不同于一般概念的包装，它具有极强的流动性，作为移动的"宣传品"，是现代消费的良好广告载体，也是自我宣传的一种有效手段。

手提袋印刷的尺寸通常根据包装品的尺寸而定。通用的手提袋印刷标准尺寸分 3 开、4 开或对开三种，每种又分为正度或大度两种。手提袋印刷净尺寸由长×宽×高标明，一般尺寸为 400 mm×285 mm×80 mm。

手提袋的纸张可选用 157 g、200 g、250 g 的铜版纸。另外，如果需要与较重的包装品配套，可以选用 300 g 以上的卡纸或 300 g 的铜版纸，并通过覆膜来增加其强度。

此外，牛皮纸由于其韧性强、使用环保，所以越来越多地应用在手提袋的制作上，通常可选用 120 g 或 140 g 的白色或黄色牛皮纸。

手提袋印刷后需覆膜、粘口或穿绳方可成形。手提袋的绳子可选用尼龙绳、棉绳或纸绳。如手提袋较大时，需在绳孔处加铆钉以抗拉力。

知识点二 画布大小与图像大小

图像大小是指整个图像的尺寸，不管有多少个图层，在改变图像大小时，所有图层都同时变化。而画布大小是指工作空间的大小，可以比喻成"用于画画的纸"，有大小之分，它并不影响图像本身，也就是说，改变画布大小，图像比例不会发生变化。

1. 画布大小

使用【画布大小】命令可以扩展画布区域，以增加现有图像的工作空间，或者通过减小画布区域来裁切图像。Photoshop 允许用户为添加的画布指定颜色或使用透明。

单击菜单栏中的【图像】/【画布大小】命令，则弹出【画布大小】对话框，如图 9-53 所示。

图 9-53 【画布大小】对话框

在【宽度】和【高度】文本框中可以输入新画布的尺寸,当输入的值大于原来的数值时就扩展画布;当输入的值小于原来的数值时就裁切画布。在【定位】选项中单击箭头方格,可以确定画布的变化方向。在【画布扩展颜色】下拉列表中可以选择新增画布的背景颜色。

2. 图像大小

如果需要改变图像的尺寸,可以单击菜单栏中的【图像】/【图像大小】命令,这时将打开【图像大小】对话框,如图 9-54 所示。该对话框中有三个选项组:像素大小、文档大小和重定义图像尺寸的方式。

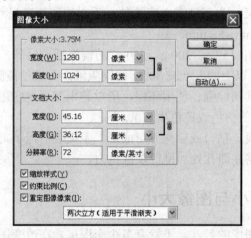

图 9-54 【图像大小】对话框

如果要更改图像的像素数,一定要选择【重定图像像素】选项,然后在其右侧的下拉列表中选择插值方法,共有 5 种插值方法:

➢   "邻近":速度快但精度低。建议对包含未消除锯齿边缘的插图使用该方法,以保留硬边缘并产生较小的文件。

➢   "两次线性":对中等品质的图像可以使用两次线性插值的方法。

➢   "两次立方":速度慢但精度高,可得到最平滑的色调层次。

➢   "两次立方较平滑":放大图像时使用该方法。

➢   "两次立方较锐利":该方法可在重新取样后的图像中保留较多细节,但可能会过度锐化图像的某些区域。

如果只想改变图像的尺寸和分辨率,但不想改变图像中的像素总数,这时要取消【重定图像像素】选项,然后在【文档大小】选项组中输入新的高度值、宽度值或分辨率即可。

如果图像中含有应用了样式的图层,建议选择【缩放样式】选项,这样可以确保调整图像的大小后图层样式也随之缩放。

知识点三   动作与【动作】面板

所谓动作,就是可以在一个或者一批文件上重复使用的一系列命令的集合。在

Photoshop 中，系统提供了若干预设的动作，用户可以直接使用它们，也可以根据工作需要录制自己的动作。

　　Photoshop 的【动作】面板中提供了多种预设的动作，用户可以直接播放这些动作，也可以自己动手录制或删除一些动作。

　　单击菜单栏中的【窗口】/【动作】命令(或者按下 Alt+F9 键)，可以打开【动作】面板，如图 9-55 所示。

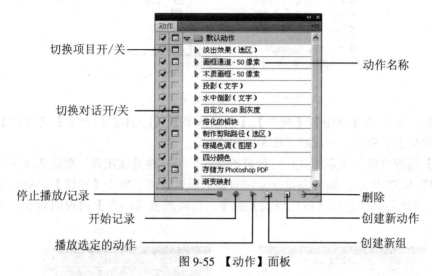

图 9-55 【动作】面板

> 单击 按钮，可以新建一个动作。

> 单击 按钮，可以开始录制一个新动作。

> 单击 按钮，可以播放整个动作或部分动作。

> 单击 按钮，可以创建一个新的动作组，用于组织管理动作，其作用相当于 Windows 环境下的文件夹。

> 单击 按钮，可以停止正在录制或播放的动作。

> 单击 按钮，可以删除当前选择的动作。

> 切换项目开/关：用于控制该步骤是否被执行。如果步骤前面为 状态，表示该步骤可以被执行；如果步骤前面为 状态，则表示该步骤在动作播放过程中不被执行，此时动作名称前面的项目开关变为红色的 状态。

> 切换对话开/关：用于控制动作执行到该步骤时是否出现对话框。对话框开关打开时呈 状态，当动作执行到该步骤时将弹出相应的对话框，供用户修改相应的设置；对话框开关关闭时呈 状态，则执行到该步骤时不会出现相应的对话框。

> 单击动作组、动作或命令左侧的 ▷ 或 ▽ 按钮，可以展开或折叠一个动作组中的全部动作或一个动作中的全部命令。

　　默认情况下，【动作】面板中只有一个动作组"默认动作"，如果要载入更多的动作组，可以执行【动作】面板菜单中相关的命令，如图 9-56 所示。

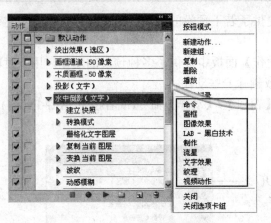

图 9-56 【动作】面板菜单

单击面板菜单中的【命令】、【画框】、【图像效果】、【LAB-黑白技术】、【制作】、【流星】、【文字效果】等命令，可以载入相关的动作组。

【动作】面板有两种显示形式：一种是折叠式，另一种是按钮式。默认条件下以折叠式显示，如图 9-57 所示。如果需要改变它的显示形式，可以单击【动作】面板右上角的 ▤ 按钮，在面板菜单中选择【按钮模式】命令，即可改变【动作】面板的显示形式，如图 9-58 所示。

图 9-57 折叠式【动作】面板

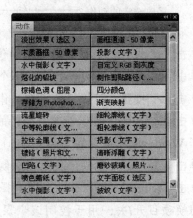

图 9-58 按钮式【动作】面板

知识点四 关于动作的操作

一般情况下，使用 Photoshop 提供的预设动作不可能恰好满足工作要求，因此，在使用动作之前需要先创建动作。下面介绍一些有关动作的操作。

1. 新建动作组

动作都是以组的形式分类的，这样便于管理，也便于查找所需要的动作。

在创建新动作之前，最好先新建一个动作组，以便将动作保存在该组中。当然如果不创建动作组，同样可以创建动作，但是这样不便于管理，新创建的动作会保存在默认的动作组中，将来查找起来不是很方便。

新建动作组的操作十分简单，在【动作】面板中单击 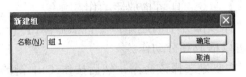(创建新组)按钮，或者执行面板菜单中的【新建组】命令，这时会弹出一个【新建组】对话框，如图 9-59 所示，在【名称】文本框中输入组的名称，然后单击 确定 按钮，这时【动作】面板中就会出现新创建的动作组，如图 9-60 所示。

图 9-59 【新建组】对话框   图 9-60 新创建的动作组

2. 录制新动作

为提高工作效率，可以将经常使用的图像效果录制成动作，需要时直接播放录制的动作即可。录制动作时，一定要确保每一步操作正确无误，因为不论操作正确与否，它都将被记录到动作中。

录制新动作的基本操作步骤如下：

(1) 建立或打开一个图像文件。

(2) 单击【动作】面板中的 ⬛ 按钮，或者选择面板菜单中的【新建动作】命令，则弹出【新建动作】对话框，如图 9-61 所示。

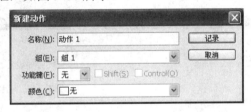

图 9-61 【新建动作】对话框

(3) 在对话框中进行选项设置。

➢ 在【名称】文本框中输入动作的名称。

➢ 在【组】下拉列表中选择动作要存放的动作组。

➢ 如果需要为动作设置快捷键，可以在【功能键】下拉列表中选择功能键 F2～F12，选择【Shift】或【Control】选项还可以设置组合键。

➢ 在【颜色】下拉列表中可以选择动作的颜色。当面板为按钮模式时将显示所设的颜色。

(4) 单击 记录 按钮，此时【动作】面板下方的 ⬤ 按钮凹陷下去并呈红色状态 ⬤ ，表示可以录制动作了。

(5) 执行要录制的各项操作，则【动作】面板将逐项记录操作的名称及相关参数。

(6) 单击【动作】面板中的 ⬛ 按钮，或者选择面板菜单中的【停止记录】命令，可以停止录制动作。

3. 播放动作

播放动作是指在图像窗口中执行所选择的动作。播放动作时，既可以播放整个动作，也可以播放动作中的某些命令。如果打开了动作的对话框开关，则在播放动作的同时还可以在弹出的对话框中修改参数。

播放动作的基本操作步骤如下：

(1) 打开要应用动作的图像文件。

(2) 如果要播放整个动作，可以在【动作】面板中先选择该动作，然后单击面板下方的 ▶ 按钮，或者选择面板菜单中的【播放】命令，即可播放该动作。

(3) 如果要播放动作的某一部分，则选择该部分中的起始命令，然后单击 ▶ 按钮，或者单击面板菜单中的【播放】命令，则可以播放部分动作。

(4) 如果要播放动作中的某个命令，则需要先选择该命令，然后按住 Ctrl 键的同时单击 ▶ 按钮，即可播放该命令；另外，按住 Ctrl 键的同时双击要播放的命令，也可以只播放该命令。

知识点五　批处理

【批处理】命令可以对一个文件夹内的多幅图像同时执行一个相同的动作，例如，对多幅图像应用同样的图层样式、为多幅图像输入标识文字等。显然，【批处理】命令可以实现批量处理图像的操作，大大提高工作效率。

单击菜单栏中的【文件】/【自动】/【批处理】命令，则打开【批处理】对话框，如图 9-62 所示。

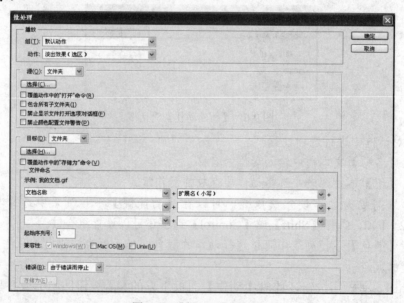

图 9-62 【批处理】对话框

该对话框中共有 4 组选项，合理的设置将为我们的工作带来极大的帮助。

【播放】选项组用于选择要使用的动作。

➢ 【组】：用于选择要使用的动作所在的动作组。

➢ 【动作】：用于选择要使用的动作。

【源】选项组用于设置要进行批处理的图像。【源】下拉列表中提供了 4 个选项，即

"文件夹"、"导入"、"打开的文件"和"Bridge"。

> 选择"文件夹"选项，可以单击下方的 选择(C)... 按钮指定文件夹，批处理将作用于该文件夹中的所有图像文件。

> 选择"导入"选项，可以对来自数码相机、扫描仪的图像文件进行批处理。

> 选择"打开的文件"选项，可以对所有打开的图像文件进行批处理。

> 选择"Bridge"选项，将对在 Bridge 中选定的图像文件进行批处理操作。

> 【覆盖动作中的"打开"命令】：当动作中包含【打开】命令时，选择该项后，在进行批处理时将忽略动作中记录的【打开】命令。

> 【包含所有子文件夹】：选择该项后，指定的文件夹如果包含子文件夹，则对子文件夹中的文件也进行批处理操作。

> 【禁止显示文件打开选项对话框】：选择该选项，在进行批处理时则不会弹出打开选项对话框。有些文件(如相机原始数据文件、PDF 文件)在打开时会出现对话框要求指定选项。

> 【禁止颜色配置文件警告】：选择该选项，在进行批处理时可以禁止颜色配置方案信息的显示。

【目标】选项组用于设置批处理后如何对文件进行储存。【目标】下拉列表中有三个选项，即"无"、"存储并关闭"和"文件夹"。

> 选择"无"选项，批处理后的图像文件仍然显示在 Photoshop 中。

> 选择"存储并关闭"选项，则对批处理后的图像文件进行保存，这时弹出【存储为】对话框，保存后自动关闭文件。

> 选择"文件夹"选项，则对批处理后的图像文件直接保存到指定的文件夹中，此时可以单击 选择(H)... 按钮选择保存位置。

> 【覆盖动作中的"存储为"命令】：选择该选项，如果动作中包含【存储为】命令，在进行批处理时，则忽略动作中的【存储为】命令。

> 【文件命名】：当在【目标】下拉列表中选择"文件夹"时，该选项才有效，用于指定批处理后保存文件时的名称。

【错误】选项组用于设置对错误信息的处理，共有两个选项，即"由于错误而停止"和"将错误记录到文件"。

> 选择"由于错误而停止"选项，在执行动作的过程中发生错误时，弹出错误提示框并停止动作的继续执行。

> 选择"将错误记录到文件"选项，可以将错误保存到日志文件中，并通过查阅该日志文件找到问题。

知识点六　图层的分布与对齐

在 Photoshop 中，理论上一个图像可以有无数个图层。当需要对多个图层同时进行操作时，首先要同时选择，然后再进行多个图层的移动、分布与对齐等操作。

1. 图层的对齐

选择多个图层以后，执行【对齐】命令，可以使多个图层中的图像同时调整位置，实现对齐操作。具体操作步骤如下：

(1) 在【图层】面板中同时选择多个要对齐的图层。

(2) 单击菜单栏中的【图层】/【对齐】命令，则弹出一个子菜单，如图 9-63 所示。

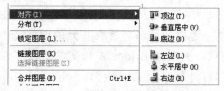

图 9-63 【对齐】命令子菜单

(3) 在子菜单中选择所需的对齐命令，可以实现图层的对齐操作。

➢ 【顶边】：各图层中的图像以顶端为基准实现对齐，如图 9-64 所示。

图 9-64 【顶边】对齐效果

➢ 【垂直居中】：各图层中的图像以垂直中心为基准，实现垂直中心对齐，如图 9-65 所示。

图 9-65 【垂直居中】对齐效果

➢ 【底边】：各图层中的图像以底端为基准实现对齐，如图 9-66 所示。

图 9-66 【底边】对齐效果

➢ 【左边】：各图层中的图像以左端为基准实现对齐。
➢ 【水平居中】：各图层中的图像以水平中心为基准，实现水平中心对齐。
➢ 【右边】：各图层中的图像以右端为基准实现对齐。

如图 9-67 所示分别为左边对齐、水平居中对齐和右边对齐。

图 9-67 【左边】对齐、【水平居中】对齐和【右边】对齐

2. 图层的分布

分布图层与对齐图层的操作类似，该组命令可以使多个图层中的图像以一定的间隔进行分布。使用分布命令时，至少要有三个图层同时被选择。具体操作步骤如下：

(1) 在【图层】面板中同时选择要进行分布的多个图层。

(2) 单击菜单栏中的【图层】/【分布】命令，则弹出一个子菜单，如图 9-68 所示。

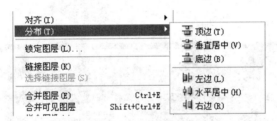

图 9-68 【分布】命令子菜单

(3) 执行相应的子菜单命令，可以实现图层的分布操作。

➤ 【顶边】：以各个图层中图像的最上端为准，均匀地分布各图像。

➤ 【垂直居中】：以各个图层中图像的垂直中心为准，均匀地分布各图像。

➤ 【底边】：以各个图层中图像的最底端为准，均匀地分布各图像。

➤ 【左边】：以各个图层中图像的最左端为准，均匀地分布各图像。

➤ 【水平居中】：以各个图层中图像的水平中心为准，均匀地分布各图像。

➤ 【右边】：以各个图层中图像的最右端为准，均匀地分布各图像。

如图 9-69 所示为水平居中分布前、后的效果。

分布前　　　　　　　　　　　分布后

图 9-69　水平居中分布前、后的效果

9.5 项目实训

　　某摄影爱好者要将自己的摄影作品进行橱窗展示，请根据其提供的作品设计一个摄影作品展的布局。

　　任务分析：根据橱窗的规格进行布局设计，由于照片较多，为了提高工作效率，可以先录制一个动作，然后使用【批处理】命令来完成对照片大小的调整。

　　任务素材：

　　光盘位置：光盘\项目 09\实训。

　　参考效果：

　　光盘位置：光盘\项目 09\实训。

中文版 Photoshop CS5 工作过程导向标准教程·······························

设计制作酒业公司台历封面

10.1 项目说明

某酒业有限公司要求设计一个台历，作为宣传产品的载体，同时作为小礼品分发给客户，从而达到宣传推广产品的目的。要求设计师大胆发挥想象力，围绕主题进行创作，封面设计力求简单大方，画面鲜亮。

10.2 项目分析

"将进酒"是一款新酒品，公司要将其放在台历封面上作为主要宣传产品。"将进酒"的包装是红色的，设计时可以考虑以绿色为背景，衬托出红色，形成鲜明的对比，既满足了画面鲜亮的要求，也突出了主体对象"将进酒"。制作本项目时要注意以下问题：

第一，设计台历或挂历时，一定要考虑到装订问题，图像、文字等主要元素不能太靠近装订位置。

第二，设计之前要计算好尺寸，由于采用印刷方式需要四面裁切，所以文件的四周要预留出血位，因成品尺寸为 15 cm×15 cm，所以文件尺寸应为 15.6 cm×15.6 cm。

第三，分辨率为 300 ppi，颜色模式为 CMYK。

10.3 项目实施

本项目的实施过程中，重点学习了图像的合成技术，将几幅毫不相关的图像有机地融合为一体，来实现作品创意设计。完成后的参考效果如图 10-1 所示。

图 10-1　酒台历封面参考效果

任务一　合成背景

(1) 启动 Photoshop 软件。

(2) 单击菜单栏中的【文件】/【新建】命令，在弹出的【新建】对话框中设置参数如图 10-2 所示。

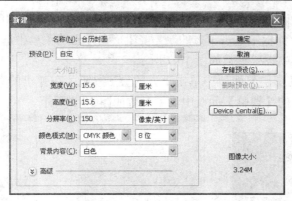

图 10-2 【新建】对话框

(3) 单击 <u> 确定 </u> 按钮，创建一个新文件。

(4) 打开本书光盘"项目 10"文件夹中的"蓝天.jpg"文件，如图 10-3 所示。

(5) 按下 Ctrl+A 键全选图像，再按下 Ctrl+C 键复制图像，然后切换到"台历封面.psd"图像窗口中，按下 Ctrl+V 键粘贴图像，将蓝天图像复制到当前窗口中，这时【图层】面板中产生"图层 1"。

(6) 按下 Ctrl+T 键添加变换框，调整图像的大小和位置如图 10-4 所示。

图 10-3 打开的图像　　　　　　　　　图 10-4　调整图像的大小和位置

(7) 在【图层】面板中单击下方的 <u>◎</u> 按钮，为"图层 1"添加图层蒙版。

(8) 设置前景色为黑色，背景色为白色。选择工具箱中的渐变工具 ，在工具选项栏中选择"前景色到背景色渐变"，如图 10-5 所示。

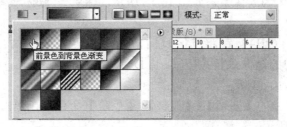

图 10-5　渐变工具选项栏

(9) 按住 Shift 键在画面中由下向上拖曳鼠标，编辑蒙版，如图 10-6 所示。

(10) 在【图层】面板中单击下方的 ![按钮] 按钮，在弹出的菜单中选择【色阶】命令，在打开的【调整】面板中设置参数如图 10-7 所示。

(11) 再一次在【图层】面板中单击下方的 ![按钮] 按钮，在弹出的菜单中选择【色相/饱和度】命令，在打开的【调整】面板中设置参数如图 10-8 所示。

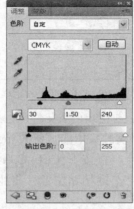
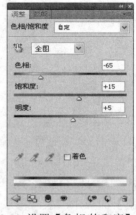

图 10-6　编辑蒙版　　　图 10-7　设置【色阶】参数　　图 10-8　设置【色相/饱和度】参数

(12) 调整后的天空效果如图 10-9 所示。接着打开本书光盘"项目 10"文件夹中的"远山.jpg"文件，参照前面的操作方法，将其复制到"台历封面.psd"图像窗口中，并调整至适当大小，如图 10-10 所示。

(13) 选择工具箱中的多边形套索工具 ![图标]，在图像窗口中依次单击鼠标，创建一个不规则的选区，选择远山部分，如图 10-11 所示。

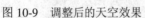

图 10-9　调整后的天空效果　　　图 10-10　复制的图像　　　图 10-11　创建的选区

(14) 按下 Shift+F6 键，在打开的【羽化选区】对话框中设置【羽化半径】为 5 像素，如图 10-12 所示，然后单击 ![确定] 按钮。

(15) 按下 Shift+Ctrl+I 键将选区反向，然后按下 Delete 键删除选区中的图像，再按下 Ctrl+D 键取消选区，则图像效果如图 10-13 所示。

图 10-12　【羽化选区】对话框

(16) 单击菜单栏中的【图像】/【调整】/【色阶】命令，在弹出的【色阶】对话框中设置参数如图 10-14 所示。

图 10-13 图像效果

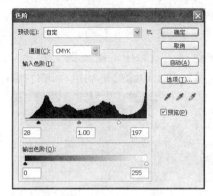

图 10-14 【色阶】对话框

(17) 单击 [确定] 按钮，加强远山的明暗对比效果。

(18) 单击菜单栏中的【图像】/【调整】/【色相/饱和度】命令，在弹出的【色相/饱和度】对话框中设置参数如图 10-15 所示。

(19) 单击 [确定] 按钮，则远山效果如图 10-16 所示。

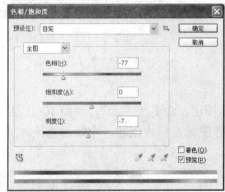

图 10-15 【色相/饱和度】对话框

图 10-16 远山效果

(20) 打开本书光盘"项目 10"文件夹中的"草地.jpg"文件，参照前面的方法，将其复制到"台历封面.psd"图像窗口中，调整其大小和位置如图 10-17 所示。

(21) 选择工具箱中的多边形套索工具 ，在图像窗口中依次单击鼠标，创建一个不规则的选区，如图 10-18 所示。

图 10-17 调整图像的大小和位置

图 10-18 创建的选区

(22) 按下 Delete 键删除选区中的图像，再按下 Ctrl+D 键取消选区，则图像效果如图 10-19 所示。

(23) 选择工具箱中的橡皮擦工具 ，在工具选项栏中设置画笔【硬度】为 0，大小适当，在草地的上边缘处拖动鼠标进行擦拭，使之自然融合，效果如图 10-20 所示。

图 10-19　图像效果　　　　　　　　　　图 10-20　图像效果

任务二　制作树丛与水面

(1) 在【图层】面板的最上方创建一个新图层，命名为"水"，如图 10-21 所示。

(2) 选择工具箱中的矩形选框工具 ，在图像窗口中创建一个矩形选区，如图 10-22 所示。

图 10-21　【图层】面板　　　　　　　　图 10-22　创建的选区

(3) 设置前景色的 CMYK 值为(37，4，56，0)。选择工具箱中的渐变工具 ，在工具选项栏中选择"前景色到透明渐变"，然后按住 Shift 键在选区中由右向左拖曳鼠标，填充渐变色，然后按下 Ctrl+D 键取消选区，则图像效果如图 10-23 所示。

(4) 在【图层】面板中将"水"层调整到"背景"层的上方，如图 10-24 所示。

图 10-23　图像效果　　　　　　　　　图 10-24　【图层】面板

(5) 这时发现"水"图层中的图像颜色发生了变化，这是调整图层造成的。在【图层】面板中同时选择"色阶 1"和"色相/饱和度 1"层，单击菜单栏中的【图层】/【创建剪贴蒙版】命令，则调整图层只影响了"图层 1"，这时的图像效果如图 10-25 所示。

(6) 打开本书光盘"项目 10"文件夹中的"水滴.jpg"文件，将其复制到"台历封面.psd"图像窗口中，调整其大小和位置如图 10-26 所示。

图 10-25　图像效果　　　　　　　　　图 10-26　变换复制的图像

(7) 按下回车键确认变换操作，将水滴所在的"图层 4"调整到"图层 2"的下方，然后设置该层的混合模式为"明度"，【不透明度】值为 40%，如图 10-27 所示。

(8) 选择工具箱中的橡皮擦工具 ✐，在工具选项栏中设置画笔大小为 100，【硬度】为 0，然后在水滴的四周拖动鼠标进行擦拭，使之自然融合，结果如图 10-28 所示。

(9) 打开本书光盘"项目 10"文件夹中的"树木.jpg"文件，如图 10-29 所示。

(10) 打开【通道】面板，复制其中的"蓝"通道，得到"蓝 副本"通道，如图 10-30 所示。

图 10-27 【图层】面板

图 10-28 图像效果

图 10-29 打开的图像

图 10-30 【通道】面板

(11) 单击菜单栏中的【图像】/【调整】/【曲线】命令，在弹出的【曲线】对话框中设置参数如图 10-31 所示。

(12) 单击 确定 按钮，则"蓝 副本"通道中图像的黑白对比更强烈，如图 10-32 所示。

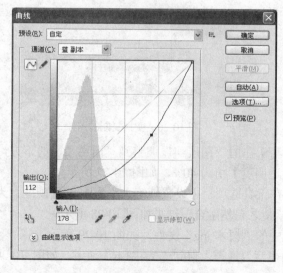

图 10-31 【曲线】对话框

图 10-32 图像效果

(13) 按下 Ctrl+I 键反相图像，则图像发生了黑白反转，效果如图 10-33 所示。

(14) 按住 Ctrl 键单击【通道】面板中的"蓝 副本"通道，则基于通道建立了选区，这时单击"RGB"通道返回图像窗口，选区如图 10-34 所示。

图 10-33 反相图像后的效果

图 10-34 创建的选区

(15) 参照前面的方法，将选择的图像复制到"台历封面.psd"图像窗口中，并适当调整大小，结果如图 10-35 所示。

(16) 选择工具箱中的矩形选区工具 ⬚，在图像中创建一个矩形选区，选择下方的草地，如图 10-36 所示。

图 10-35 调整复制图像的大小和位置

图 10-36 创建的选区

(17) 按下 Delete 键删除选区中的图像，然后按下 Ctrl+D 键取消选区，则图像效果如图 10-37 所示。

(18) 使用橡皮擦工具 ✐ 在树木的下方和左右拖动鼠标进行擦拭，使之自然融合，效果如图 10-38 所示。

(19) 在【图层】面板中将树木所在的"图层 5"复制两次，得到"图层 5 副本"和"图层 5 副本 2"，如图 10-39 所示。

(20) 在图像窗口分别调整"图层 5"及其副本层中图像的大小与位置，并使用橡皮擦工具 ✐ 进行适当的擦拭，力求自然，效果如图 10-40 所示。

图 10-37　图像效果

图 10-38　擦拭效果

图 10-39　【图层】面板

图 10-40　图像效果

(21) 在【图层】面板中选择"图层 5 副本 2"为当前图层。

(22) 单击菜单栏中的【图像】/【调整】/【色阶】命令，在弹出的【色阶】对话框中分别对"CMYK"通道、"青色"通道进行调整，如图 10-41 所示。

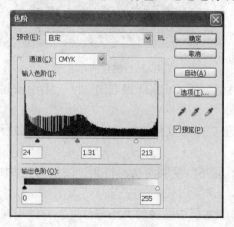

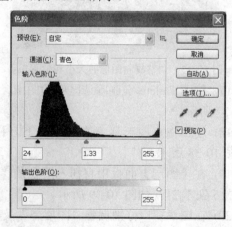

图 10-41　【色阶】对话框

（23）单击 确定 按钮，则树木效果如图 10-42 所示。

（24）在【图层】面板中选择"图层 5"为当前图层。

（25）单击菜单栏中的【图像】/【调整】/【色阶】命令，在弹出的【色阶】对话框中设置参数如图 10-43 所示。

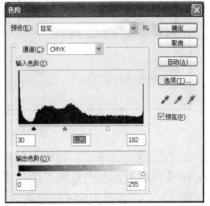

图 10-42　树木效果　　　　　　　　　图 10-43　【色阶】对话框

（26）单击 确定 按钮，然后再单击菜单栏中的【图像】/【调整】/【曲线】命令，在弹出的【曲线】对话框中设置参数如图 10-44 所示。

（27）单击 确定 按钮，则树木效果如图 10-45 所示。

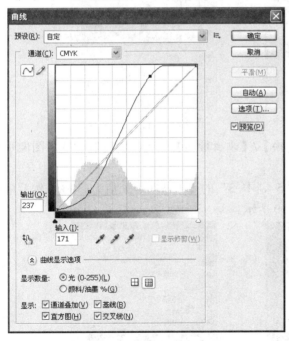

图 10-44　【曲线】对话框　　　　　　　　　图 10-45　树木效果

（28）在【图层】面板中选择"图层 5 副本"为当前图层。

（29）单击菜单栏中的【图像】/【调整】/【色阶】命令，在弹出的【色阶】对话框中分别对"CMYK"通道、"青色"通道进行调整，如图 10-46 所示。

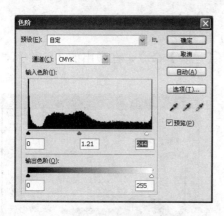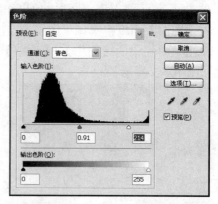

图 10-46 【色阶】对话框

(30) 单击 确定 按钮，则树木效果如图 10-47 所示。

(31) 在【图层】面板中复制"图层 5 副本 2"，得到"图层 5 副本 3"，将该层调整到"图层 2"的下方，如图 10-48 所示。

图 10-47 树木效果　　　　　　　　图 10-48 【图层】面板

(32) 单击菜单栏中的【编辑】/【变换】/【垂直翻转】命令，将复制的树木图像垂直翻转，并调整到如图 10-49 所示的位置。

(33) 在【图层】面板中设置"图层 5 副本 3"的【不透明度】值为 30%，然后单击 按钮，为其添加图层蒙版，如图 10-50 所示。

图 10-49 调整翻转图像的位置　　　　图 10-50 【图层】面板

(34) 设置前景色为黑色、背景色为白色，选择工具箱中的渐变工具■，按住 Shift 键在图像中由下向上拖曳鼠标，编辑图层蒙版，则树木的倒影效果如图 10-51 所示。

(35) 用同样的方法，再制作右侧树木的倒影效果，结果如图 10-52 所示。

图 10-51 左侧树木的倒影效果　　　　　图 10-52 右侧树木的倒影效果

任务三　添加酒品与装饰

(1) 打开本书光盘"项目 10"文件夹中的"将进酒包装.psd"和"酒杯.psd"文件，参照前面的方法，将它们分别复制到"台历封面.psd"图像窗口中，并调整到适当的大小与位置，如图 10-53 所示。

(2) 打开本书光盘"项目 10"文件夹中的"将进酒字体组合.psd"文件，参照前面的方法，将其复制到"台历封面.psd"图像窗口中，调整其大小和位置如图 10-54 所示。

图 10-53 复制的包装和酒杯　　　　　图 10-54 复制的文字

(3) 打开本书光盘"项目 10"文件夹中的"飘带.psd"文件，参照前面的方法，将其复制到"台历封面.psd"图像窗口中，调整大小与位置如图 10-55 所示。

(4) 在【图层】面板中选择"图层 3"为当前图层，单击菜单栏中的【图层】/【排列】/【置为顶层】命令，将"图层 3"移动到面板的最上方，结果如图 10-56 所示。

图 10-55　复制的飘带　　　　　　　　　　图 10-56　图像效果

(5) 选择工具箱中的横排文字工具 **T**，在工具选项栏中设置合适的字体和大小，然后在画面的右上角输入文字，并进行适当修饰，结果如图 10-57 所示。

图 10-57　输入的文字

(6) 最后做一些细节处理，对不完善的地方进行修饰，最终的台历封面效果如图 10-58 所示。

图 10-58　台历封面效果

10.4　知 识 延 伸

知识点一　台历与挂历

漂亮的台历与挂历印刷质量一定要好，纸张白净有光泽、质地均匀，印刷色泽饱满，层次感强，没有脏点。

台历架通常是用 1.5～3.0 毫米的灰度板来制作的。灰度板挺度好、表面光滑，裱上精品纸后比较平整，不起皱。而挂历多数由铜版纸印刷，有的还有背板。图 10-59 所示分别为几种台历与挂历。

图 10-59　台历与挂历

制作台历时打孔要准。台历芯和台历架是分开打孔，然后再用线圈装订起来的。如果打孔有偏差，就会出现左右错位或倾斜的情况，影响美观。

台历与挂历的造型与尺寸没有具体限制。台历有长型、高型、异型等，尺寸以 32 开居多，张数根据月份通常分为周历、半月历、月历、双月历，没有固定要求。挂历主要有长型、方型两种，尺寸以 4 开居多，张数根据月历、双月历通常分为 7 张、13 张等。台历与挂历的纸张通常选用 105 g～300 g 的铜板纸。

知识点二　颜色知识

光、物、眼三者之间的关系构成了色彩研究和色彩学的基本内容，同时也是色彩实践的理论基础与依据。色彩是以光为主体的客观存在，对于人则是一种视觉感受，产生这种感觉基于三个因素：一是光；二是物体对光的反射；三是人的视觉神经。

在初中物理课本中，我们学习过牛顿的光的分解，即一束太阳光透过三棱镜后可分为红、橙、黄、绿、青、蓝和紫七种颜色，如图 10-60 所示。

正是因为如此，当阳光照射到物体上时，一部分光线被吸收，而没有被吸收的光线反射到我们的眼睛，经过视觉神经的传递和大脑的反应，我们感知到物体的色彩。

显然，光才是色彩的核心，没有光就没有色，而光来自于光源，光源有自然光源和人造光源两类。太阳光(自然光源)和所有的灯光(人造光源)都是由各种波长与频率的色光组成的。同一物体在不同的光源照射下，物体的色彩感觉是不一样的。例如，电灯光下的物体泛黄、日光灯下的物体偏青、电焊光下的物体偏浅青紫、晨曦与夕阳下的景物呈桔黄、白昼阳光下的景物略带浅黄。

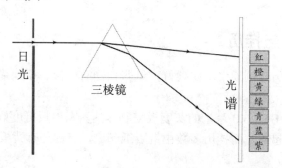

图 10-60　光的分解

在千变万化的色彩世界中，人们视觉感受到的色彩非常丰富，为了便于研究，将色彩分成无色系与有色系两大类。其中，黑、白、灰以及由黑白混合的各种不同的灰色系列称为无色系；而除此之外，可见光谱中的全部色彩都是有色系，它以红、橙、黄、绿、青、蓝和紫为基本色。有色系中的任何一种色彩都具有三个属性：色相、饱和度、明度。

色相(Hue)是指色彩的相貌，即色彩的名称，它是区别不同色彩的表象特征。我们平时所讲的红、黄、绿、青、蓝、紫即是色相，如图 10-61 所示为色相环。

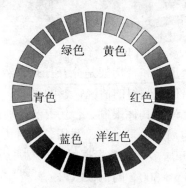

图 10-61　色相环

饱和度(Saturation)又称为纯度，是指色彩的鲜艳程度，饱和度越高，色彩越鲜艳。任何一个颜色加白、加黑、加灰，都会不同程度地降低纯度。在人的视觉所能感受的色彩范围内，绝对纯色并不常见，更多的是含有灰度的色彩。在色彩构成中，设计者如果能够准确地处理好纯度的微妙变化，可以使画面含蓄丰富，增强艺术感染力。

明度(Brightness)是指色彩的明暗程度或深浅程度，亦称为亮度。在无色系中，最高明度为白色，最低明度为黑色，二者之间为系列灰色；在有色系中，也存在明显的明度变化，最明亮的是黄色，最暗淡的是紫色。

我们把色彩的色相、饱和度、明度称为色彩的三属性或三要素，它是基于人类的视觉神经对色彩的一种解释，是人类认识大自然的理论基础，也是广告设计中最直观的一种颜色运用方案，在 Photoshop 中，HSB 色彩模式即色彩的三属性。

知识点三　关于色彩调整

在本书前面的项目操作中，已经反复使用过色彩调整命令，但没有系统地讲解。使用 Photoshop 完成项目实践的过程中，几乎都要使用色彩调整命令，这是因为往往没有恰好适合创作的素材。

要调整一幅图像的颜色时，必须要使用色彩调整命令。在 Photoshop 中有两种基本思路：一是破坏性调整；二是非破坏性调整。

所谓破坏性调整，就是在图像上直接调整颜色，调整后的图像发生了本质变化，已经不再是原图像。直接使用调整命令时就是破坏性调整，如图 10-62 所示。

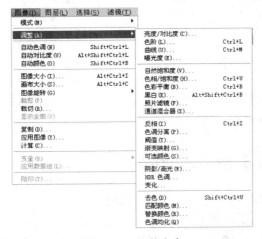

图 10-62　调整命令

所谓非破坏性调整，就是通过调整图层来实现图像颜色的调整。调整颜色以后，图像本身并没有发生改变，只是在它的上方加了一个调整图层，它影响了下方图像的颜色。要执行非破坏性调整操作，不能直接使用调整命令，而应该通过以下两种方法实现：一是单击菜单栏中的【图层】/【新建调整图层】命令，如图 10-63 所示；二是在【图层】面板中单击 按钮，从打开的菜单中进行选择，如图 10-64 所示。

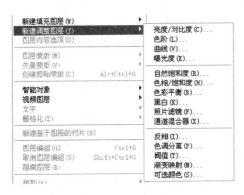

图 10-63　通过菜单使用调整命令

图 10-64　通过【图层】面板使用调整命令

当通过以上两种方法选择了调整命令以后，将产生一个调整图层，例如选择了【色阶】命令，【图层】面板中将出现"色阶 1"调整图层，如图 10-65 所示，同时打开【调整】面板，如图 10-66 所示。【调整】面板中的参数与选择的调整命令有关。

图 10-65 【图层】面板

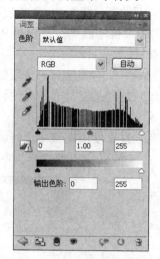

图 10-66 【调整】面板

知识点四 【调整】面板的使用

Photoshop 中的【调整】面板实际上与对话框的功能是完全一样的。它有两种状态，当没有创建调整图层时，其状态如图 10-67 所示，这时可以通过该面板来添加调整图层，单击其上方的图标，可以创建相应的调整图层，例如，单击第一个图标 ，就会创建一个"亮度/对比度"调整图层，同时【调整】面板显示亮度/对比度的参数，如图 10-68 所示。

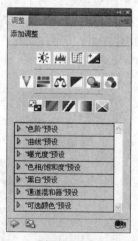

图 10-67 【调整】面板的初始状态

图 10-68 "亮度/对比度"参数

【调整】面板的下方是一些常用的预设列表，单击前面的三角符号 ▷，可以展开列表显示各种预设。如图 10-69 所示为展开的"曲线"预设，单击其中的选项，可以直接将预设参数应用到图像上，例如单击"彩色负片"，则图像马上显示彩色负片效果，同时【调整】面板中显示预设参数，用户可以在此基础上修改参数，如图 10-70 所示。

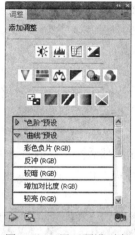

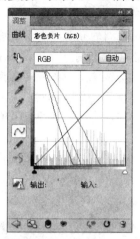

图 10-69 展开预设列表   图 10-70 彩色负片预设参数

知识点五 【色阶】命令

色阶指亮度，和颜色无关，表现了一幅图像的明暗分布关系。在 Photoshop 中，色阶主要调整图像的亮度/对比度，同时也可以通过调整图像的高光、中间调和暗调等参数实现图像色彩的调整。

单击菜单栏中的【图像】/【调整】/【色阶】命令(或者按下 Ctrl+L 键)，可以打开【色阶】对话框，如图 10-71 所示。

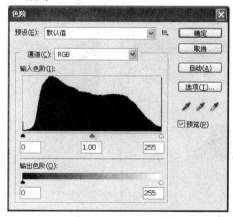

图 10-71 【色阶】对话框

> 【预设】：在该下拉列表中可以选择系统预先设定的色阶。使用它们可以快速地调整图像的色阶，达到预期效果。

> 【通道】：该下拉列表中包括了图像的颜色模式以及各通道，其中的通道数与图像的颜色模式有关。对于 RGB 图像而言，该下拉列表中有"RGB"、"红"、"绿"和"蓝"四个选项，当选择"RGB"选项时，代表对整个图像进行调

整，否则只对选择的通道进行调整。

➢ 【输入色阶】：用于显示或设置图像暗调、中间调、高光的输入色阶，与其下方的三个滑块相对应。其中，暗调滑块决定图像中最暗的像素，中间调滑块影响中间调的亮度，高光滑块决定图像中最亮的像素。

➢ 【输出色阶】用于设置阴影和高光的标准值，它影响图像的对比度。调整滑块时，会将该点的像素转换为灰色，降低对比度，直方图被压缩。

色阶的主要应用一般有两种情况：第一，调整发灰的图像，有一些图像该亮的地方不亮，该暗的地方不暗，看上去灰蒙蒙的，使用【色阶】命令很容易调整过来。第二，纠正图像的偏色。

打开一幅图像，然后按下 Ctrl+L 键打开【色阶】对话框，向右拖动暗调滑块，可以看到图像变暗，如图 10-72 所示；而向左拖动高光滑块，可以看到图像变亮，如图 10-73 所示。

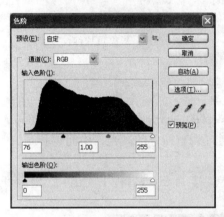

图 10-72　向右调整暗调滑块使图像变暗

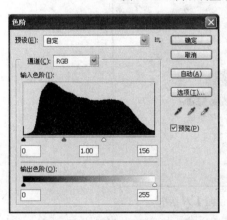

图 10-73　向左调整高光滑块使图像变亮

如果在【通道】下拉列表中选择了颜色通道，例如选择"红"通道，这时向右拖动暗调滑块，则图像变青，如图 10-74 所示，原因就是小于暗调值的像素减少了红色，所以显示了其互补色——青色。而向左拖动高光滑块，则图像变红，如图 10-75 所示，原因就是大于高光值的像素增加了红色，所以图像变红。

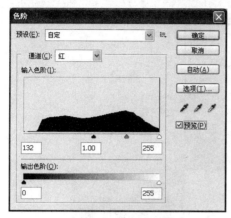 

图 10-74 向右调整暗调滑块使图像变青

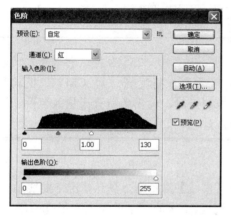 

图 10-75 向左调整高光滑块使图像变红

知识点六 【曲线】命令

【曲线】命令是 Photoshop 中功能最强大的调整命令，它与【色阶】命令结合，几乎可以完成所有的调色任务。我们知道，一幅图像划分了 256 个亮度级别，而【曲线】命令多达 14 个控制点，可以调整任意的色调区域来改变颜色强度。

与色阶一样，曲线与直方图也是一一对应的。我们可以结合直方图判断需要调整哪个区域，如图 10-76 所示，是曲线与直方图的对应关系。不过，从 Photoshop CS3 开始，已经可以在【曲线】对话框中直接显示直方图了，这一点很方便。

- ➢ 【预设】：在该下拉列表中包含了一些系统预先设定的曲线效果，如"较暗"、"较亮"和"负片"等，可以直接选用。
- ➢ 【通道】：在该下拉列表中可以选择要调整的颜色通道，不同的颜色模式，此处的选项是不同的。对于 RGB 图像而言，如果选择"RGB"，则表示对整个图像进行调整。
- ➢ 【输入】：代表调整前的控制点的数值。
- ➢ 【输出】：代表调整后的控制点的数值。

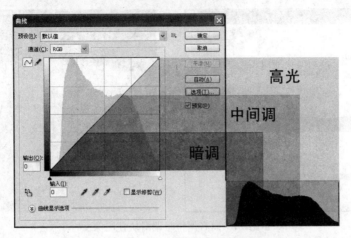

图 10-76　曲线与直方图的对应关系

　　在 Photoshop 中，对于 RGB 模式的图像，采用 0～255 亮度级别来表示，向上调整控制点时，输出色阶大于输入色阶，表示图像将变亮。而 CMYK 模式的图像，采用 0～100% 油墨量表示，向上调整控制点时，输出色阶大于输入色阶，则图像将变暗。

1. 使用曲线调整图像

　　打开一幅图像，然后按下 Ctrl+M 键打开【曲线】对话框，默认情况下曲线是一条 45° 的对角线，线段的两端各有一个控制点，分别表示图像的最暗的像素和最亮的像素。在曲线上单击鼠标，就可以建立控制点，如图 10-77 所示为在曲线上建立了两个控制点。

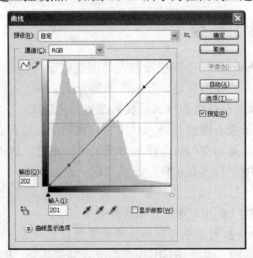

图 10-77　建立的两个控制点

　　在曲线上最多可添加 14 个点，添加控制点以后，拖动控制点可以调整图像亮度、对比度或颜色。如果要删除某个控制点，可以先选择它(实心状态)，然后按下 Delete 键即可，也可以用鼠标将要删除的控制点拖动到曲线图以外，但是曲线的两个端点不允许删除。

2. 在图像中确定控制点

打开【曲线】对话框以后，按住鼠标左键在图像中拖动鼠标，会看到曲线上有一个空心圆点在移动，这个点就是要查找的输入色阶。如果确认了某一点是要调整的位置，按住 Ctrl 键的同时单击鼠标，即可确定控制点，如图 10-78 所示。

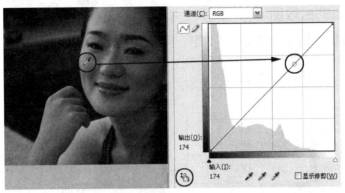

图 10-78　确定控制点

Photoshop CS5 增强了该功能，特意安排了一个控制按钮 🖑，当按下该按钮时，可以直接在要调整的图像位置上单击鼠标来添加控制点，非常方便。

3. 使用曲线调整颜色

对于 RGB 模式的图像，选择复合通道时，向上调整曲线增加亮度，向下调整曲线降低亮度。选择"红"通道时，向上调整曲线增加红色，向下调整曲线增加青色；选择"绿"通道时，向上调整曲线增加绿色，向下调整曲线增加洋红色；选择"蓝"通道时，向上调整曲线增加蓝色，向下调整曲线增加黄色，如图 10-79 所示。

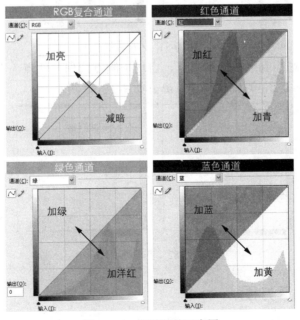

图 10-79　通道调整示意图

对于 CMYK 模式的图像，它的调整效果与 RGB 模式恰好相反，即向上调整曲线降低亮度，向下调整曲线增加亮度。分别选择"青色"、"洋红"、"黄色"、"黑色"通道时，调整曲线代表改变油墨的百分比。例如，选择"青色"通道，向上调整曲线增加青色，向下调整曲线减少青色，相对来讲就是增加红色，图像泛红色。

4. 几种典型的曲线图

(1) S 型，增加图像的对比度；反 S 型，降低图像的对比度，如图 10-80 所示。

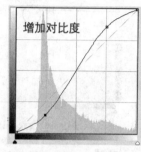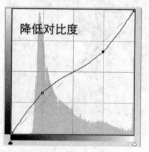

图 10-80 S 型曲线

(2) 反 Z 型，重定图像的黑场与白场，增加对比度；转 Z 型，重定图像的黑场与白场，降低对比度，如图 10-81 所示。

图 10-81 Z 型曲线

(3) 其他型，黑场控制点调到最高点，白场控制点调到最低点，则图像反相；黑、白场控制点在一条垂直线上，则图像色调分离，如图 10-82 所示。

图 10-82 其他型曲线

知识点七　认识直方图

在介绍【色阶】、【曲线】命令时，都提到了直方图的概念。直方图是 Photoshop 中用于显示图像像素分布信息的图形，通过它可以了解图像的基本信息。

当打开一幅图像后，【直方图】面板中直接显示了图像的色调范围，如图 10-83 所示。

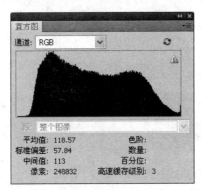

图 10-83 【直方图】面板

> 【平均值】：表示图像的平均亮度值，高于 128 偏亮，低于 128 偏暗。
> 【标准偏差】：指图像所有像素的亮度值与平均值之间的偏离幅度。标准偏差越小，图像的亮度变化就越小，反之亮度变化就越大。
> 【中间值】：中间值是把图像所有像素的亮度值通过从小到大排列后，取位于中间的数(如果是偶数，就取中间两个数的前一个)。
> 【像素】：表示图像的像素总数。
> 【色阶】：表示鼠标指针所在位置的亮度值，亮度值范围是 0～255。
> 【数量】：表示鼠标指针所在位置的像素数量。
> 【百分位】：用最左边到鼠标指针位置的所有像素数量除以图像的像素总数。
> 【高速缓存级别】：显示图像高速缓存的设置。

学会查看直方图，对于调整图像是非常有用的，通过它可以分析图像的色彩质量。在【直方图】面板中，横轴表示图像中各个像素的亮度范围，取值为 0～255；纵轴表示该亮度级别下图像总的像素数。

第一，峰形偏左，说明暗调多，表示图像整体偏暗。

第二，峰形偏右，说明亮调多，表示图像整体偏亮。

第三，峰形分配在左右，中间少，说明图像反差较大，对比度较强。

第四，峰形出现在中间，左右两侧无峰形，说明图像偏灰。

第五，峰形不连续，说明图像出现色调分离。

第六，右侧峰形超出直方图，说明出现高光裁切，即曝光过度，高光损失细节。

第七，左侧峰形超出直方图，说明出现阴影裁切，即曝光不足，暗调损失细节。

另外，直方图只是一个观察图像像素与亮度信息分布的工具，不能进行色彩调整工作，但可以判断一幅图像的基本质量。

10.5 项 目 实 训

为配合房产营销，某楼盘在开盘之际需要在闹市区设置户外广告牌，要求以楼盘的实景照片为背景，简洁大方，给人以足够的想象空间。

  任务分析： 客户提供了一幅很普通的照片，在设计时只裁取楼体的上半部分，使天空的面积更大，增强画面的开阔感，然后运用色阶、色彩平衡等命令将照片调亮，颜色略偏青，从而达到自然美观的效果。

  任务素材：

  光盘位置：光盘\项目 10\实训。

  参考效果：

  光盘位置：光盘\项目 10\实训。

中文版 Photoshop CS5 工作过程导向标准教程

设计制作葡萄酒宣传折页

KEEP SMILING, KEEP SHINING, KEEP SMILING, KEEP SHINING,
KNOWING YOU CAN ALWAYS COUNT ON ME FOR SURE. ALWAYS COUNT ON ME FOR SURE,
THAT'S WHAT FRIENDS ARE FOR THAT'S WHAT FRIENDS ARE FOR

11.1 项 目 说 明

小梁经朋友介绍为一家葡萄酒公司设计宣传折页，以配合新产品的市场推广与销售。折页要求尺寸为 12 cm×20 cm 的两折页，颜色亮丽，整体感强，能够突出产品主题，符合时代审美等。

11.2 项 目 分 析

折页是一种主要的平面宣传载体，一般分为两折页、三折页、四折页等，可以根据内容进行确定，本项目为两折页，制作内容并不多。设计时以色彩为主要视觉因素，突出亮丽夺目、简洁大气的特点。制作时要注意以下问题：

第一，正确计算尺寸，由于是两折页，并且尺寸为 12 cm×20 cm，同时考虑到印刷需要预留出血位，所以在 Photoshop 中设置文件时，尺寸应为 24.6 cm×20.6 cm。

第二，由于使用 Photoshop 进行制作，所以分辨率不应低于 300 ppi，以保证印刷质量(教学过程中仍以 150 ppi 进行演示)。

第三，建议文件的颜色模式采用 CMYK 模式，以保证输出颜色的一致性，否则会出现颜色偏差。

第四，一般折页选择 157 g 或 200 g 的铜版纸即可，纸张过厚，折页中间的折痕就会有裂缝现象。

11.3 项 目 实 施

了解了项目的要求以及制作时的注意事项以后，接下来就使用 Photoshop 来完成该项目。该项目中主要涉及 Photoshop 调整工具的使用，本项目的参考效果如图 11-1 所示。

图 11-1　葡萄酒折页设计参考效果

任务一 处理背景图像

(1) 启动 Photoshop 软件。

(2) 单击菜单栏中的【文件】/【新建】命令，在弹出的【新建】对话框中设置参数如图 11-2 所示。

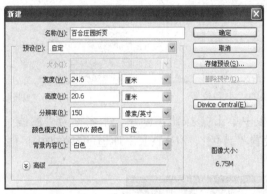

图 11-2 【新建】对话框

(3) 单击 [确定] 按钮，创建一个新文件。

(4) 参照前面章节学过的方法，使用【视图】/【新建参考线】命令，创建四条参考线，用于标明出血位；然后再创建一条参考线作为折页的折痕位置，如图 11-3 所示。

(5) 单击菜单栏中的【文件】/【打开】命令，打开本书光盘"项目 11"文件夹中的"蔚蓝天空.jpg"文件，如图 11-4 所示。

图 11-3 创建的参考线

图 11-4 打开的图像

(6) 按下 Ctrl+A 键全选图像，再按下 Ctrl+C 键复制选择的图像，然后切换到"百合庄园折页.psd"图像窗口中，按下 Ctrl+V 键粘贴图像，将打开的图像复制到当前图像窗口中，此时【图层】面板中产生"图层 1"。

(7) 按下 Ctrl+T 键添加变换框，调整图像的大小和位置如图 11-5 所示，然后按下回车键确认变换操作。

(8) 单击菜单栏中的【窗口】/【调整】命令，打开【调整】面板。在【调整】面板中单击■按钮，则在【图层】面板中创建了一个调整图层，名称为"色相/饱和度 1"，在【调整】面板中设置参数如图 11-6 所示。

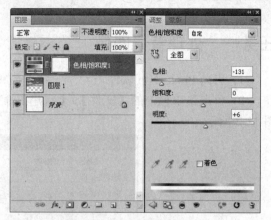

图 11-5　调整图像的大小和位置　　　　　图 11-6　创建调整图层

(9) 在【调整】面板中单击 ▦ 按钮，创建一个名称为"曲线 1"的调整图层，然后在【调整】面板中分别设置"青色"、"CMYK"通道的参数如图 11-7 所示，则图像效果如图 11-8 所示。

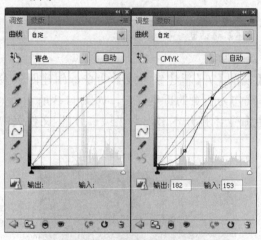

图 11-7　【调整】面板　　　　　　　　图 11-8　图像效果

(10) 在【调整】面板中单击 ▦ 按钮，再创建一个"色彩平衡 1"调整图层，在【调整】面板中设置参数如图 11-9 所示，则图像效果如图 11-10 所示。

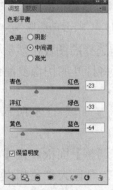

图 11-9　【调整】面板　　　　　　　　图 11-10　图像效果

(11) 单击菜单栏中的【文件】/【打开】命令，打开本书光盘"项目 11"文件夹中的"葡萄庄园.jpg"文件，如图 11-11 所示。

(12) 参照前面的方法，将其复制到"百合庄园折页.psd"图像窗口中，此时【图层】面板中产生"图层 2"，然后按下 Ctrl + T 键添加变换框，调整图像的大小和位置如图 11-12 所示。

图 11-11 打开的图像

图 11-12 调整图像的大小和位置

(13) 单击菜单栏中的【图像】/【调整】/【亮度/对比度】命令，在弹出的【亮度/对比度】对话框中设置参数如图 11-13 所示。

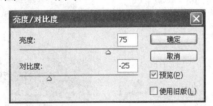

图 11-13 【亮度/对比度】对话框

(14) 单击 确定 按钮，则图像效果如图 11-14 所示。

图 11-14 图像效果

(15) 在【图层】面板中单击下方的 按钮，为"图层 2"添加图层蒙版，如图 11-15 所示。

(16) 设置前景色为黑色、背景色为白色，然后选择工具箱中的渐变工具 ，在工具选项栏中选择渐变色为"前景色到背景色渐变"，渐变类型为"线性"渐变，然后按住

Shift 键在图像窗口中由上向下拖曳鼠标，编辑蒙版，则图像效果如图 11-16 所示。

图 11-15　【图层】面板　　　　　　　　　图 11-16　图像效果

(17) 在【调整】面板中单击■按钮，则创建了一个"曲线 2"调整图层，然后在【调整】面板中分别设置"黄色"、"CMYK"通道的参数如图 11-17 所示，则调整后图像效果如图 11-18 所示。

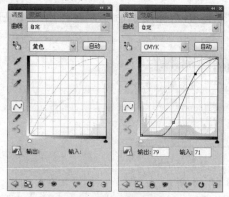

图 11-17　【调整】面板　　　　　　　　　图 11-18　图像效果

(18) 按下 Alt+Ctrl+G 键，将"曲线 2"调整图层与"图层 2"建立剪贴蒙版，如图 11-19 所示，则调整图层只影响"图层 2"，不影响背景天空的色彩，如图 11-20 所示。

图 11-19　【图层】面板　　　　　　　　　图 11-20　图像效果

(19) 在【调整】面板中单击 ▬ 按钮，再创建一个"色相/饱和度 2"调整图层，然后按下 Alt+Ctrl+G 键，将其与"图层 2"之间建立剪贴蒙版；接着在【调整】面板中设置参数如图 11-21 所示，则图像效果如图 11-22 所示。

图 11-21 【调整】面板　　　　　　　　　图 11-22 图像效果

任务二 编辑图形元素

(1) 选择工具箱中的钢笔工具 ✍，在图像窗口的下方创建一个封闭的路径，形状如图 11-23 所示(为了清晰显示路径，这里暂时隐藏了其它图层)。

(2) 按下 Ctrl+Enter 键，将路径转换为选区。

(3) 设置前景色为白色，在【图层】面板中创建一个新图层"图层 3"，按下 Alt+Delete 键将选区填充为白色，如图 11-24 所示，然后按下 Ctrl+D 键取消选区。

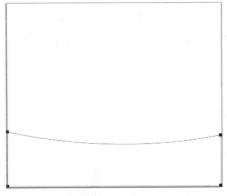

图 11-23 创建的路径　　　　　　　　图 11-24 图像效果

(4) 继续使用钢笔工具 ✍ 创建一个封闭的路径，并转换为选区，如图 11-25 所示。

(5) 在【图层】面板中创建一个新图层"图层 4"，然后设置前景色的 CMYK 值为 (0，100，80，60)，按下 Alt+Delete 键填充前景色，再按下 Ctrl+D 键取消选区，则图像效果如图 11-26 所示。

图 11-25　创建的选区　　　　　　　　　　图 11-26　图像效果

(6) 打开本书光盘"项目 11"文件夹中的"干杯.jpg"文件，如图 11-27 所示。

(7) 单击菜单栏中的【窗口】/【通道】命令，打开【通道】面板。在面板中复制 "蓝"通道，得到"蓝 副本"通道，如图 11-28 所示。

图 11-27　打开的图像　　　　　　　图 11-28　【通道】面板

(8) 单击菜单栏中的【图像】/【调整】/【色阶】命令(或者按下 Ctrl+L 键)，在弹出 的【色阶】对话框中设置参数如图 11-29 所示。

(9) 单击 确定 按钮，则图像效果如图 11-30 所示。

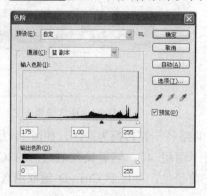

图 11-29　【色阶】对话框　　　　　　　　图 11-30　图像效果

(10) 在【通道】面板中单击 "RGB" 通道，返回图像正常模式，然后按住 Ctrl 键单击 "蓝 副本" 通道，载入选区。

(11) 按下 Shift+Ctrl+I 键将选区反向，则选择了其中的高脚杯，如图 11-31 所示。

(12) 按下 Ctrl+C 键复制选择的高脚杯，然后切换到 "百合庄园折页.psd" 图像窗口中，按下 Ctrl+V 键粘贴复制的图像，此时【图层】面板中产生 "图层 5"。

(13) 按下 Ctrl+T 键添加变换框，调整图像的大小和位置如图 11-32 所示，然后按下回车键确认变换操作。

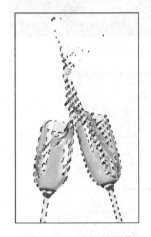

图 11-31 选择的图像

图 11-32 变换图像

(14) 在【图层】面板中将高脚杯所在的 "图层 5" 调整到 "图层 3" 的下方，如图 11-33 所示，则图像效果如图 11-34 所示。

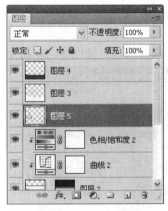

图 11-33 【图层】面板

图 11-34 图像效果

(15) 在【调整】面板中单击 ▓ 按钮，则在【图层】面板中创建了一个名称为 "色相/饱和度 3" 的调整图层，在【调整】面板中分别设置 "全图"、"青色" 的参数如图 11-35 所示，然后按下 Alt+Ctrl+G 键，将其与 "图层 5" 之间建立剪贴蒙版，则只改变了高脚杯的颜色，效果如图 11-36 所示。

(16) 在【调整】面板中单击 ▓ 按钮，再创建一个 "色彩平衡 2" 调整图层，在【调整】面板中分别设置阴影、中间调、高光的参数如图 11-37 所示。

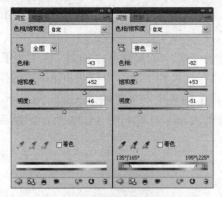

图 11-35 【调整】面板   图 11-36 图像效果

图 11-37 【调整】面板

　　(17) 按下 Alt+Ctrl+G 键，将"色彩平衡 2"调整图层与"图层 5"之间建立剪贴蒙版，则图像效果如图 11-38 所示。

　　(18) 在【图层】面板中选择最顶层的"图层 4"为当前图层，如图 11-39 所示。

图 11-38 图像效果   图 11-39 【图层】面板

　　(19) 单击菜单栏中的【文件】/【置入】命令，在打开的【置入】对话框中选择本书光盘"项目 11"文件夹中的"葡萄酒效果.psd"文件，如图 11-40 所示。

　　(20) 单击 置入(P) 按钮，将其置入"百合庄园折页.psd"图像窗口中，并调整其大小和位置如图 11-41 所示。

图 11-40 【置入】对话框

图 11-41 置入的图像

(21) 按下回车键，确认置入与变换操作，则完成了主要图形元素的处理。

任务三　文字调整

(1) 选择工具箱中的横排文字工具 **T**，在工具选项栏中设置文字颜色的 CMYK 值为 (0，100，80，60)，设置字体与大小如图 11-42 所示。

图 11-42 文字工具选项栏

(2) 在图像窗口中单击鼠标，输入文字"百合庄园简介"，位置如图 11-43 所示。

(3) 用同样的方法，再输入汉语拼音，设置其字体为"Arial"，大小为 11 点，结果如图 11-44 所示。

图 11-43 输入的文字

百合庄园简介
BAIHEZHUANGYUANJIANJIE

图 11-44 输入的拼音

(4) 在【图层】面板中创建一个新图层"图层 6"。

(5) 选择工具箱中的直线工具 ⁄，在工具选项栏中单击 ▢(填充像素)按钮，然后设置【粗细】为 2 px，在图像窗口中两行文字之间水平拖动鼠标，绘制一条分隔线，如图 11-45 所示。

(6) 选择工具箱中的横排文字工具 **T**，在图像窗口中拖动鼠标，创建一个文本限定框，然后输入相关的文字，字体为"方正黑体简体"，大小为 8 点，结果如图 11-46 所示。

图 11-45　绘制的分隔线　　　　　　　　　　图 11-46　输入的文字

(7) 用同样的方法，在图像窗口的左下角继续输入说明文字，文字颜色为黄色(CMYK：0，24，83，0)，字体为"方正黑体简体"，大小为 7 点，结果如图 11-47 所示。

(8) 打开本书光盘"项目 11"文件夹中的"葡萄酒 logo.psd"文件，将其中的图像复制到"百合庄园折页.psd"图像窗口中，并调整右上角的位置，效果如图 11-48 所示。

图 11-47　输入的文字　　　　　　　　　　图 11-48　图像效果

(9) 单击菜单栏中的【文件】/【新建】命令，创建一个新文件，其大小与"百合庄园折页.psd"文件大小一样，颜色模式选择 RGB 模式，如图 11-49 所示。

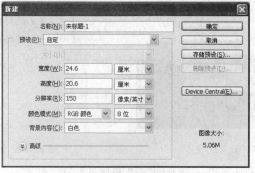

图 11-49　【新建】对话框

(10) 单击 确定 按钮，然后设置前景色为黑色，按下 Alt+Delete 键，将图像背景填充为黑色。

(11) 单击菜单栏中的【滤镜】/【渲染】/【镜头光晕】命令，在弹出的【镜头光晕】对话框中设置参数如图 11-50 所示。

(12) 单击 确定 按钮，则图像效果如图 11-51 所示。

图 11-50 【镜头光晕】对话框

图 11-51　图像效果

(13) 按下 Ctrl+A 键全选图像，然后按下 Ctrl+C 键复制图像，切换到"百合庄园折页.psd"图像窗口中，按下 Ctrl+V 键粘贴图像，此时【图层】面板中产生"图层 8"。

(14) 在【图层】面板中设置"图层 8"的混合模式为"滤色"，将该层调整到"图层 5"的下方，如图 11-52 所示，则最终的图像效果如图 11-53 所示。

图 11-52　【图层】面板

图 11-53　图像效果

(15) 单击菜单栏中的【文件】/【存储】命令，将文件进行保存。

11.4　知　识　延　伸

知识点一　折页的相关知识

折页一般用于宣传企业文化信息、新产品上市等，是一种常用的宣传手段。折页一般分为两折页、三折页、四折页等。根据内容的多少来确定页数的多少。为了使折页的设计出众，可以在表现形式上采用模切、特殊工艺等来体现折页的个性。

折页多采用铜版纸或哑粉纸，一般选择 105 g、128 g、157 g、200 g、250 g 的铜版纸。经验证明，选择 157 g 或 200 g 的纸比较理想，因为低于 157 g，折页显得不够高档，而高于 200 g，折页中间的折痕就会有裂缝现象，如果不想出现裂缝，就要增加工艺，也就增加了成本。折页的折法可以分为 8 种：风琴折、普通折、特殊折、对门折、地图折、平行折、海报折和卷轴折。

1) 风琴折

风琴折的应用很广泛，人们可以很容易地认出它，因为它的形状像"之"字形。风琴折是折页的最佳选择，折法如图 11-54 所示。

2) 普通折

普通折是最常见的一种折页，折法也比较简单，多见于两折页，折法如图 11-55 所示。由于其较低的预算及简单的操作，这类折法非常适用于请柬、广告和小指南。

3) 特殊折

特殊折往往是标新立异，折法令人惊奇。一般来说，喜欢创新的人、喜欢与众不同的人比较衷情于这种折法，如图 11-56 所示。这种折法的价格会比较贵，因为大部分都需要特殊的折页机或手工操作才能完成。

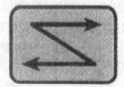 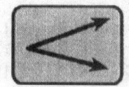 

图 11-54　风琴折　　　　图 11-55　普通折　　　　图 11-56　特殊折

4) 对门折

对门折也是一种比较常见的折页，它的折法一般是对称的，折叠方法是将两个或更多的页面从相反的面向中心折去，如图 11-57 所示。对于这种折法，折页机上必须有对门折装置才能完成，否则需要手工折叠。

5) 地图折

地图折和风琴折类似，它是由几个风琴折组成，展开时是一张大的、连续的页面，同时还要再对折、三折或四折，所以地图折以"层"来命名，其折法如图 11-58 所示。该种折法受限于较轻重量的材料，而且需要特殊的折页机。

6) 平行折

平行折中的每一页都是平行放置的，如图 11-59 所示，该种方法有简单的也有复杂的，种类繁多，几乎适合于任何折页应用。

 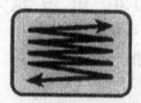 

图 11-57　对门折　　　　图 11-58　地图折　　　　图 11-59　平行折

7) 海报折

海报折是在平行折和风琴折的基础上发展得来的，展开时就像一张海报。该种折法至少包含两个折叠，前一折是平行折，后一折是风琴折，如图 11-60 所示。这种折页法也受限于较轻重量的材料。

8) 卷轴折

卷轴折包含四个或更多的页面，依次向内折，如图 11-61 所示，这种折法的页面宽度必须逐渐减少，以便于折叠。

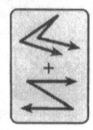 

图 11-60 海报折　　　　　　图 11-61 卷轴折

知识点二　色相/饱和度

【色相/饱和度】命令的使用相当频繁，在本书的一开始就使用过该命令，但是没有介绍它的使用方法，这里将对它进行详尽的介绍。

该命令是基于 HSB 颜色模式而设计一个调色命令，通过对颜色三属性的调整，从而达到调整图像的目的。单击菜单栏中的【图像】/【调整】/【色相/饱和度】命令，打开【色相/饱和度】对话框，如图 11-62 所示。

图 11-62 【色相/饱和度】对话框

指点迷津

HSB 模式是针对人类的视觉而提出的一种颜色解释理论。其中，H 代表色相，即颜色的相貌，指颜色本身的面貌和名称，例如红、橙、黄、绿等；S 代表饱和度，是指构成颜色的纯度，表示颜色中所含彩色成分的比例；B 代表明度，指色彩的明暗和深浅程度。

注意观察该对话框，其下方有两条色谱，对应颜色轮上的 0°～360°的颜色，上方的一条代表照片原来的色谱，下方的一条代表调整后的色谱。调整【色相】滑块时，正值代表色轮顺时针旋转，负值代表色轮逆时针旋转。

1. 重要选项解释

➢ 【预设】：在该下拉列表中可以选择系统预先设定的调色方案。

> 【全图】：在该下拉列表中共有 7 个选项，分别是"红色"、"黄色"、"绿色"、"青色"、"蓝色"和"洋红色" 6 种基本色与"全图"。其中"红色"、"绿色"、"蓝色"是 RGB 模式的三原色，"青色"、"洋红色"、"黄色"是 CMYK 模式的三原色，也就是说，通过选择这些选项，可以单独调整图像中的某种颜色，而选择"全图"时则是对整个图像进行调整。

> 【色相】：拖动滑块可以改变所选择的颜色而不影响其他颜色，例如当选择"红色"时，拖动滑块只有红色发生变化，其他颜色不受任何影响。

> 【饱和度】：拖动滑块可以改变图像的饱和度，也可以单独控制某种颜色的饱和度。

> 【明度】：拖动滑块可以改变图像的明暗程度。向右侧拖动滑块可以增加图像的明度，反之则降低图像的明度。

> 【着色】：选择该选项可以为图像定义一个基本的色调，所有的色调都在此颜色的基础上进行，勾选此项可以生成单色调图像。

2. 主要应用

【色相/饱和度】的主要应用表现在以下几个方面：第一，提高图像颜色的饱和度，使照片颜色更加有光泽；第二，通过降低饱和度，制作灰度图像；第三，制作单色调图像；第四，用于单独调整某一种颜色，如将绿色转换为青色而不影响其他颜色，这时色相/饱和度非常实用。

下面体验【色相/饱和度】命令给我们带来的效果。单击菜单栏中的【文件】/【打开】命令，打开一幅图像，然后单击菜单栏中的【图像】/【调整】/【色相/饱和度】命令，打开【色相/饱和度】对话框。

(1) 选择"全图"，然后改变【色相】的值，可以看到图像中所有的颜色都将会发生变化，如图 11-63 所示。

图 11-63　调整【色相】值和调整后图像效果

(2) 选择"全图"，然后将【饱和度】滑块向右侧拖动至"100"，则图像中的颜色变得十分鲜艳夺目，如图 11-64 所示。

图 11-64　调整【饱和度】值为最大值和调整后图像效果

(3) 如果将【饱和度】滑块拖动至 "–100"，则图像的饱和度降低，图像变成了灰度效果，如图 11-65 所示。

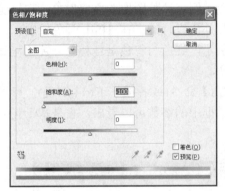

图 11-65　调整【饱和度】值为最小值和调整后图像效果

(4) 选择 "全图"，然后拖动【明度】滑块，可以改变图像的亮度，如图 11-66 所示，将【明度】滑块拖动到 "60"，则图像变亮。

图 11-66　调整【明度】值和调整后图像效果

(5) 勾选【着色】选项，则图像变为单色调图像，这时通过【色相】、【饱和度】和【明度】选项，可以控制单色调图像的颜色、饱和度与亮度，如图 11-67 所示。

图 11-67 勾选【着色】选项和调整后图像效果

知识点三 色彩平衡

【色彩平衡】命令通过调整图像中颜色的混合比例来调整图像的色偏现象，它只能对图像进行一般化的色彩调整，其调色原理是基于互补色进行的。在 HSB 颜色轮中，带箭头直线两端相对的颜色称为互补色，如图 11-68 所示，红色与青色是互补色，黄色与蓝色是互补色，绿色与洋红色是互补色。

单击菜单栏中的【图像】/【调整】/【色彩平衡】命令(或者按下 Ctrl+B 键)，可以打开【色彩平衡】对话框，如图 11-69 所示。从对话框中的参数可以看出，它是基于互补色之间的相互补偿来完成颜色调整的。

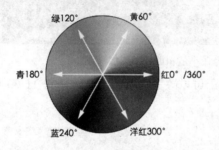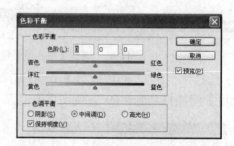

图 11-68 颜色轮　　　　　　　　　　图 11-69 【色彩平衡】对话框

➢ 【色阶】：与下面的三个滑块相对应，取值范围分别为 –100～+100，三个选项分别代表三个滑块的值，默认为 0。正数为增加红色、绿色及蓝色；负数为增加青色、洋红色及黄色。

➢ 【阴影/中间调/高光】：调整颜色时需要在这 3 个选项中选择一个。系统允许在较暗区域、中间调区域和较亮区域分别进行色彩平衡调整，但是要注意，不论选择哪个区域，在调整时都会影响其他两个区域，并非只调整选择的区域。

➢ 【保持明度】：一般在调整颜色时都选择这个选项，它可以保持照片的亮度不变，防止照片的亮度随着颜色的更改而改变。

使用【色彩平衡】命令，可以分别对图像中暗调区、中间调区和亮调区进行调整，但这只是一种粗略的调整。

单击菜单栏中的【文件】/【打开】命令，打开一张图像，如图 11-70 所示，然后单击菜单栏中的【图像】/【调整】/【色彩平衡】命令，打开【色彩平衡】对话框，如图 11-71 所示。

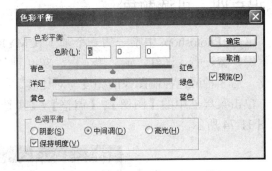

图 11-70　打开的图像　　　　　　　　　　图 11-71　【色彩平衡】对话框

（1）选择【中间调】选项，然后将"青色—红色"滑块拖动到左侧，即青色，则图像颜色就会青色增多，红色减少，从而导致图像偏青，如图 11-72 所示。

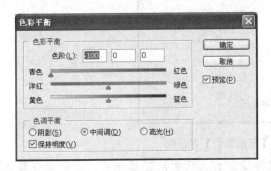

图 11-72　【色彩平衡】对话框和调整后图像效果

在【色彩平衡】对话框中的 3 个滑块分别代表了三对互补色："青色—红色"、"洋红—绿色"和"黄色—蓝色"，它们为互补关系，在调整图像颜色时，增加某种颜色，其互补色必然减少。

（2）选择【阴影】选项，然后将"洋红—绿色"滑块拖动到右侧，可以看到，整个图像的色调偏绿色，如图 11-73 所示。

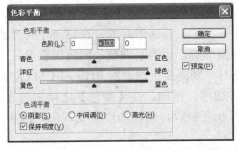

图 11-73　【色彩平衡】对话框和调整后图像效果

从影调上来说，任何一幅图像都有阴影区、高光区和中间调区，【色彩平衡】命令允许对这三个区域进行分别调整，但是要注意的是，这三个区域没有明显的界限来划分，只是在调整颜色时，对各区域影响的程度不同而已。例如当选择"高光"时，表示对图像的高光区影响最大，对中间调区域影响次之，对阴影区域的影响最小。

知识点四　可选颜色

这是 Photoshop 中唯一的一个基于 CMYK 颜色模式进行调色的命令，它可以调整红、绿、蓝、青、洋红、黄、黑、白、灰 9 种基本颜色，其中前 6 种颜色控制图像的颜色变化，后 3 种颜色控制图像的亮度与对比度。

单击菜单栏中的【图像】/【调整】/【可选颜色】命令，打开【可选颜色】对话框，如图 11-74 所示。

图 11-74 【可选颜色】对话框

> 【预设】：在该下拉列表中可以存储或载入已有的调整参数，这样可以提高工作效率。
> 【颜色】：该下拉列表中有 9 种基本颜色，它们代表了要调整的颜色，即要调整哪一种颜色就选择哪一种颜色。
> 【青色/洋红/黄色/黑色】：这是 CMYK 模式的四种基本颜色，通过它们可以调整选择的颜色。例如选择"红色"，则要调整"黄色"与"洋红"。
> 【方法】：其中有两种计算方法，一种是"相对"，一种是"绝对"。使用"相对"调色时，变化小一些，使用"绝对"调色时，变化大一些。

【可选颜色】命令的调色原理是基于 CMYK 模式进行的。在该命令的对话框中，如果要调整青色、洋红色、黄色时，相对容易理解，也容易调整，因为调整参数中恰好有这三种颜色。如果要调整红色、绿色、蓝色时，则需要正确理解 RGB 与 CMYK 颜色模式之间的关系，才能有效地、有目的地调整各选项。例如，在【颜色】选项中选择"红色"，这时加青色变黑色，因为它们是互补色，相互吸收，而减洋红会变黄色，因为红色=洋红+黄色，减洋红自然会剩下黄色。

下面打开一幅图像，如图 11-75 所示，将其中的"绿色"荷叶调整为"青色"。单击菜单栏中的【图像】/【调整】/【可选颜色】命令，打开【可选颜色】对话框，在【颜色】下拉列表中选择"绿色"，如图 11-76 所示。

图 11-75　打开的图像　　　　　　图 11-76　【可选颜色】对话框

由于绿色＝青色＋黄色，所以这里只调整"青色"与"黄色"滑块即可，其中"青色"滑块向右调，"黄色"滑块向左调，即增加青色，减少黄色，从而使绿色变为青色，如图 11-77 所示。

图 11-77　【可选颜色】对话框和调整后图像效果

知识点五　亮度/对比度

图像对比度的调整既可以使用【色阶】命令，也可以使用【曲线】命令。另外 Photoshop 还提供了一个简单易用的调整命令——【亮度/对比度】命令。在图像的颜色质量要求不高的情况下可以使用该命令，它主要用于调整图像的整体对比度和亮度。

单击菜单栏中的【图像】/【调整】/【亮度/对比度】命令，则弹出【亮度/对比度】对话框，如图 11-78 所示。

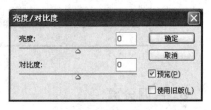

➢　【亮度】：用于控制图像的整体亮度。向左拖动滑块可以降低亮度，向右拖动滑块可以增加亮度。

图 11-78　【亮度/对比度】对话框

➢　【对比度】：用于控制图像的整体对比度。向左拖动滑块可以降低对比度，向右拖动滑块可以增加对比度。

知识点六　其他调整命令

Photoshop 中还有一些调整命令，虽然在项目实施中没有使用，这里也进行一些简单介绍。

1. 反相

【反相】命令就是将图像的色相反转，生成类似于打印中的阴片或照相负片的效果。它可以对整个图像进行反相，也可以对选区中的局部图像进行反相。对于一幅彩色图像，它能够把每一种颜色都反转成它的互补色，如图 11-79 所示。

图 11-79　图像反相前后的效果

2. 阈值

【阈值】命令可以将一个灰度或彩色图像转换为高对比度的黑白图像。用户可以将一定的色阶指定为阈值，所有比该阈值亮的像素会被转换为白色，所有比该阈值暗的像素会被转换为黑色，如图 11-80 所示。该命令常与【高反差保留】滤镜命令一起使用，进行分离图像的操作。

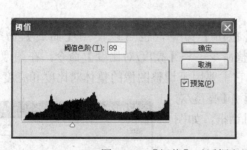 

图 11-80　【阈值】对话框和调整后图像效果

3. 色调分离

使用【色调分离】命令，可以指定图像中每个通道的色调级(或亮度值)的数目，并将这些像素映射为最接近的匹配色调上。例如，在 RGB 图像中选择两个色调可以产生 6 种颜色：两个红色、两个绿色和两个蓝色。

打开一幅图像，然后单击菜单栏中的【图像】/【调整】/【色调分离】命令，则弹出【色调分离】对话框，在【色阶】文本框中输入色阶数即可，如图 11-81 所示。

图 11-81　【色调分离】对话框和调整后图像效果

4. 变化

【变化】命令可以直观地调整图像或选区中图像的色彩平衡、对比度和饱和度，但不能对饱和度和色调做出精确的调整，不能用在索引颜色的图像上。

单击菜单栏中的【图像】/【调整】/【变化】命令，则弹出【变化】对话框，如图 11-82 所示。该对话框顶部的两个缩览图显示的是原始图像和调整后的图像。第一次打开该对话框时两个图像是一样的。

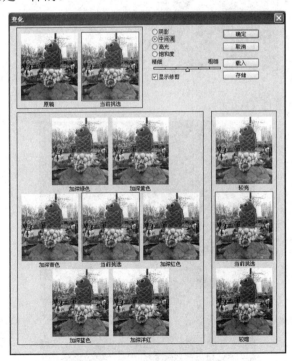

图 11-82　【变化】对话框

➢　选择【阴影】、【中间调】或【高光】选项时，可以分别对图像的暗区、半调区或亮区进行调整。

➢ 选择【饱和度】选项时，可以调整图像的饱和度。

➢ 在对话框中单击颜色缩览图，可以将相应的颜色添加到调整后的图像中。单击对话框右侧的缩览图，可以调整图像的亮度。

11.5 项 目 实 训

某火锅店开业之际要印制 1000 份两折页，用于宣传其菜品及店面形象。请根据客户提供的素材设计一个折页封面，要求能够体现美食、庆典、高档等信息。

任务分析： 首先要合理计算折页的尺寸，然后运用颜色要求传达喜庆、高档信息，制作上要综合运用图层混合模式、不透明度、调整命令等知识。

任务素材：

光盘位置：光盘\项目 11\实训。

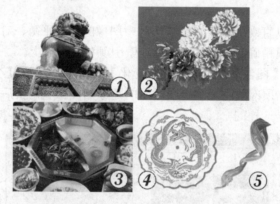

参考效果：

光盘位置：光盘\项目 11\实训。

中文版 Photoshop CS5 工作过程导向标准教程..

设计制作瑜伽会所优惠卡

12.1　项　目　说　明

朵朵瑜伽会所是一家新开业的高级休闲健身场所，为了庆祝开业，加大市场宣传力度，会所要求设计一款精美的免费体验优惠卡，印制 1000 份，在繁华地段进行免费发放，持有此卡者可以免费体验价值 180 元的瑜伽课程一次。

12.2　项　目　分　析

瑜伽是一项比较时尚的休闲健身运动，可以纤体瘦身，让练习者保持优美的身材，因此，深受都市女性朋友的喜爱。在进行本项目的创意设计时，可以综合考虑自然、都市、时尚、庆典这样几个因素，使它们有机地融为一体，展现在优惠卡的方寸之间。在设计制作优惠卡时要注意以下问题：

第一，国际标准尺寸是 85.5 mm×54 mm，四周要预留 1.5 mm 出血位，所以在设置文件时，尺寸应为 88.5 mm×57 mm。

第二，印刷颜色模式必须是 CMYK 模式，图像文件的分辨率应 300 ppi 以上。

第三，优惠卡的文字等内容一定要放置于裁切线 3 mm 以内，这样裁切后才更美观，同时也预防冲卡时切到内容。

12.3　项　目　实　施

本项目的最终产品是 PVC 卡，一般为圆角形式，但在设计时不需要设计成圆角，这种形态是在冲卡工序中完成的。在实施本项目的过程中，主要学习 Photoshop 变换操作与滤镜的使用，参考效果如图 12-1 所示。

图 12-1　瑜伽优惠卡参考效果

任务一　创建文件并设置背景

(1) 启动 Photoshop 软件。

(2) 单击菜单栏中的【文件】/【新建】命令，在弹出的【新建】对话框中设置参数如图 12-2 所示。

图 12-2　【新建】对话框

(3) 单击　确定　按钮，创建一个新文件。

(4) 执行菜单栏中的【视图】/【新建参考线】命令，分别在水平位置的 1.5 mm 和 87 mm 处、垂直位置的 1.5 mm 和 55.5 mm 处创建参考线，标明出血位，如图 12-3 所示。

(5) 选择工具箱中的渐变工具 █，在工具选项栏中单击渐变预览条 ███████，在弹出的【渐变编辑器】对话框中分别设置三个色标的颜色为深蓝色(CMYK：100，100，65，54)、(CMYK：100，87，33，0)、浅蓝色(CMYK：86，52，5，0)，色标的位置如图 12-4 所示。

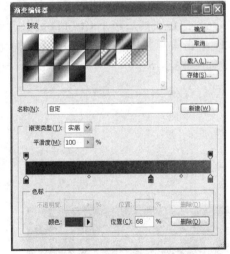

图 12-3　创建的参考线　　　　　图 12-4　【渐变编辑器】对话框

(6) 单击　确定　按钮，在渐变工具选项栏中设置渐变类型为"线性"，并设置其他参数如图 12-5 所示。

图 12-5　渐变工具选项栏

(7) 在图像窗口中按住 Shift 键由上向下拖曳鼠标，填充渐变色，效果如图 12-6 所示。

(8) 打开本书光盘"项目 12"文件夹中的"城市高楼.psd"文件，按下 Ctrl+A 键全选图像，再按下 Ctrl+C 键复制图像，然后切换到"优惠卡.psd"图像窗口中，按下 Ctrl+V 键粘贴图像，此时【图层】面板中产生"图层 1"。

(9) 按下 Ctrl+T 键添加变换框，按住 Shift 键的同时拖动角端的控制点，将其等比例缩小，确认后调整其位置如图 12-7 所示。

图 12-6 渐变效果

图 12-7 调整图像的大小和位置

任务二 花朵的绘制

(1) 在【图层】面板中创建一个新图层"图层 2"。

(2) 选择工具箱中的矩形选框工具，在图像窗口中拖动鼠标，创建一个矩形选区，将其填充为白色，然后按下 Ctrl+D 键取消选区，效果如图 12-8 所示。

(3) 单击菜单栏中的【滤镜】/【风格化】/【风】命令，在弹出的【风】对话框中设置参数如图 12-9 所示。

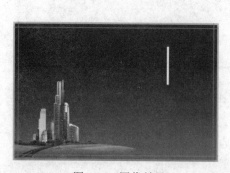

图 12-8 图像效果

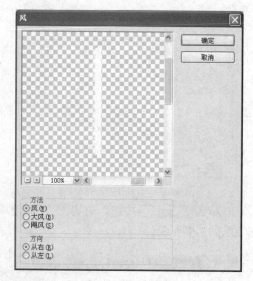

图 12-9 【风】对话框

(4) 单击 确定 按钮，则为白色矩形创建了风效果，如图 12-10 所示。

(5) 多次按下 Ctrl+F 键，重复执行【风】命令直到满意为止，效果如图 12-11 所示。

图 12-10　风效果

图 12-11　多次执行风的效果

(6) 单击菜单栏中的【编辑】/【变换】/【变形】命令，则为图像添加了自由变形框，如图 12-12 所示。

(7) 调整变形框上的平衡杆与网格，使图像显为花瓣形态，结果如图 12-13 所示。

图 12-12　添加了自由变形框

图 12-13　对图像进行变形调整

(8) 按下回车键确认变形操作。

(9) 在【图层】面板中复制"图层 2"，得到"图层 2 副本"，按下 Ctrl+T 键添加变换框，然后将变换中心调整到左侧变换框的中点上，顺时针旋转变换框 72°，如图 12-14 所示。

(10) 按下回车键确认变换操作，然后按住 Alt+Shift+Ctrl 键，连续敲击 T 键 3 次，再旋转复制 3 个图形，使它们组成一个花朵，效果如图 12-15 所示。

图 12-14　旋转复制的图像

图 12-15　图像效果

(11) 在【图层】面板中按住 Ctrl 键选择"图层 2"及其 4 个副本图层，按下 Ctrl+E 键合并图层为"图层 2"。

(12) 按下 Ctrl+T 键添加变换框，在画面中调整花朵的大小和位置如图 12-16 所示。

(13) 在变换框中单击鼠标右键，在弹出的快捷菜单中选择【变形】命令，调整整个花朵的形状，如图 12-17 所示。

图 12-16　调整花朵的大小和位置

图 12-17　调整整个花朵的形状

(14) 按下回车键确认变换操作。

指点迷津

　　执行【变形】命令的方法有三种：一是单击菜单栏中的【编辑】/【变换】/【变形】命令；二是按下 Ctrl+T 键，然后单击工具选项栏中的 ▣ 按钮；三是按下 Ctrl+T 键以后，在变换框中单击鼠标右键，在快捷菜单中选择【变形】命令。

(15) 单击菜单栏中的【滤镜】/【模糊】/【高斯模糊】命令，在弹出的【高斯模糊】对话框中设置参数如图 12-18 所示。

(16) 单击 确定 按钮，则花朵产生模糊效果，如图 12-19 所示。

图 12-18　【高斯模糊】对话框

图 12-19　模糊效果

(17) 在【图层】面板中重新复制"图层 2"，得到"图层 2 副本"，然后按下 Ctrl+T 键，将复制的花朵缩小，调整其位置如图 12-20 所示。

(18) 选择工具箱中的钢笔工具 ✐，在图像窗口中创建一个路径，如图 12-21 所示。

图 12-20　调整复制花朵的大小和位置

图 12-21　创建的路径

(19) 在【图层】面板中创建一个新图层"图层 3"。

(20) 设置前景色为白色。选择工具箱中的画笔工具 ✎，在工具选项栏中设置画笔大小为 2，然后单击【路径】面板下方的 ⭕ 按钮，用前景色描边路径，结果如图 12-22 所示。

(21) 按下 Esc 键隐藏路径，则图像效果如图 12-23 所示。

图 12-22　描边路径　　　　　　　　　　图 12-23　图像效果

(22) 选择工具箱中的画笔工具 ✎，在线条的左端点处涂抹一个小圆点，将其作为花蕊，效果如图 12-24 所示。

(23) 用同样的方法制作出大小、形状不同的几个花蕊，效果如图 12-25 所示。

图 12-24　图像效果　　　　　　　　　　图 12-25　图像效果

(24) 在【图层】面板中选择"图层 2"为当前图层，单击面板下方的 *fx.* 按钮，在弹出的菜单中选择【外发光】命令，打开【图层样式】对话框，设置外发光颜色的 CMYK 值为(13，96，16，0)，其他参数设置如图 12-26 所示。

(25) 单击 确定 按钮，则花朵产生了外发光效果，如图 12-27 所示。

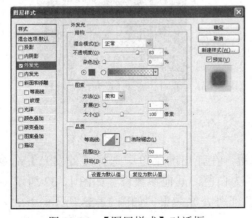

图 12-26　【图层样式】对话框　　　　　图 12-27　花朵效果

(26) 在【图层】面板中单击 ▣ (锁定透明像素)按钮，锁定"图层 2"的透明像素。然后设置前景色为淡红色(CMYK：3，32，2，0)，按下 Alt+Delete 键，用前景色填充"图层 2"，则花朵效果如图 12-28 所示。

指点迷津

以上综合运用滤镜、变形、自由变换、路径、图层样式等知识绘制了一个漂亮的花朵。需要注意的是，由于操作的随意性比较强，所以每次绘制的结果并不一定相同，读者不必追求一致性。

(27) 在【图层】面板中同时选择构成花朵的"图层 2"、"图层 2 副本"和"图层 3"，将它们复制两次，分别调整复制花朵的大小与位置如图 12-29 所示。

图 12-28　花朵效果　　　　　　　图 12-29　调整复制花朵的大小和位置

(28) 在【图层】面板中创建一个新图层"图层 4"，将其调整到"图层 2"的下方。

(29) 选择工具箱中的钢笔工具 ✎，在图像窗口中创建三条路径作为花茎，如图 12-30 所示。

(30) 设置前景色为白色，选择工具箱中的画笔工具 ✐，在工具选项栏中设置画笔大小为 4，然后在【路径】面板中单击 ○ 按钮，用前景色描边路径，如图 12-31 所示。

图 12-30　创建的路径　　　　　　　图 12-31　描边路径

(31) 在【图层】面板中单击 *fx.* 按钮，在弹出的菜单中选择【外发光】命令，打开【图层样式】对话框，设置外发光的颜色为白色，其他参数设置如图 12-32 所示。

(32) 单击 确定 按钮，则花茎产生了外发光效果，如图 12-33 所示。

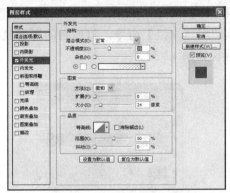

图 12-32　【图层样式】对话框

图 12-33　花茎效果

(33) 在【图层】面板中创建一个新图层"图层 5"，将其调整到"图层 4"的下方，然后参照前面绘制花瓣的方法，再绘制出一片花叶造型，如图 12-34 所示。

(34) 用同样的方法，再绘制出两片花叶造型，如图 12-35 所示。

图 12-34　绘制的花叶

图 12-35　绘制的花叶

(35) 将三片花叶所在的图层合并为一层，并重新命名为"图层 5"，然后单击▣(锁定透明像素)按钮，锁定"图层 5"的透明像素，设置前景色为绿色(CMYK：50，30，85，0)，按下 Alt+Delete 键填充前景色，则花叶效果如图 12-36 所示。

(36) 单击【图层】面板下方的 *fx.* 按钮，在弹出的菜单中选择【外发光】命令，打开【图层样式】对话框，设置外发光颜色的 CMYK 值为(62，7，99，0)，其他参数设置如图 12-37 所示。

图 12-36　花叶效果

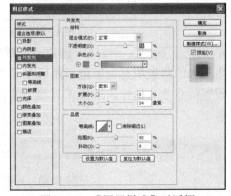

图 12-37　【图层样式】对话框

(37) 单击 确定 按钮，则花叶产生发光效果，如图 12-38 所示。

(38) 在【图层】面板中同时选择构成花朵的所有图层(包括茎、叶等所在的图层),然后单击菜单栏中的【图层】/【新建】/【从图层建立组】命令,将所有的图层放在一个图层组中,这样便于管理,此时的【图层】面板如图 12-39 所示。

图 12-38　花叶效果　　　　　　　　图 12-39　【图层】面板

任务三　礼花和星星的制作

由于【极坐标】滤镜只有在正方形的区间内才可以形成完美的转换效果,所以这里重新建立一个正方形的文件,用来制作礼花,然后复制到"优惠卡"文件中。

(1) 单击菜单栏中的【文件】/【新建】命令,在弹出的【新建】对话框中设置参数如图 12-40 所示。

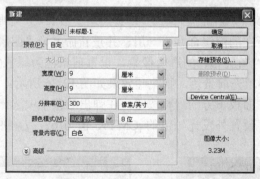

图 12-40　【新建】对话框

(2) 单击 [　　确定　　] 按钮,创建一个新文件。

(3) 将图像的背景填充为黑色,然后在【图层】面板中创建一个新图层"图层 1"。

(4) 设置前景色为白色,选择工具箱中的画笔工具 ✎,在工具选项栏中设置参数如图 12-41 所示。

图 12-41　画笔工具选项栏

(5) 在图像窗口的中间位置多次单击鼠标,绘制多个圆点,如图 12-42 所示。

(6) 单击菜单栏中的【滤镜】/【扭曲】/【极坐标】命令,在弹出的【极坐标】对话框中设置参数如图 12-43 所示。

图 12-42 绘制的圆点　　　　　　　　图 12-43 【极坐标】对话框

(7) 单击 确定 按钮，然后单击菜单栏中的【图像】/【图像旋转】/【90 度(顺时针)】命令，将图像顺时针旋转 90°，结果如图 12-44 所示。

(8) 单击菜单栏中的【滤镜】/【风格化】/【风】命令，在弹出的【风】对话框中设置参数如图 12-45 所示。

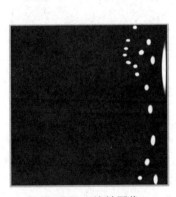

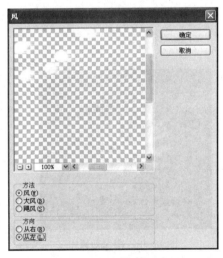

图 12-44 旋转图像　　　　　　　　图 12-45 【风】对话框

(9) 单击 确定 按钮，则图像产生风的效果，接着多次按下 Ctrl+F 键，重复执行【风】命令直到效果满意为止，如图 12-46 所示。

(10) 单击菜单栏中的【图像】/【图像旋转】/【90 度(逆时针)】命令，将图像逆时针旋转 90°。

(11) 单击菜单栏中的【滤镜】/【扭曲】/【极坐标】命令，在弹出的【极坐标】对话框中设置参数如图 12-47 所示。

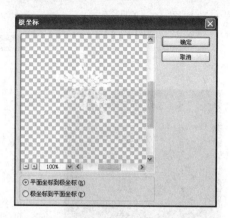

图 12-46　风效果　　　　　图 12-47　【极坐标】对话框

(12) 单击 确定 按钮，则图像效果如绽放的礼花，如图 12-48 所示。

(13) 在【图层】面板中单击 (锁定透明像素)按钮，锁定"图层 1"的透明像素，以便于对礼花进行着色。

(14) 选择工具箱中的渐变工具 ，在工具选项栏中单击渐变预览条 ，在弹出的【渐变编辑器】对话框中设置左、右两个色标的 CMYK 值分别为(0，71，92，0)、(10，0，83，0)，如图 12-49 所示。

图 12-48　图像效果　　　　　图 12-49【渐变编辑器】对话框

(15) 单击 确定 按钮，然后在渐变工具选项栏中设置渐变类型为"径向"，并设置其他参数如图 12-50 所示。

图 12-50　渐变工具选项栏

(16) 在图像窗口中，由礼花的中心向外拖动鼠标，填充渐变色，填色后的效果如图 12-51 所示。

(17) 在【图层】面板中再次单击 (锁定透明像素)按钮，解除对"图层 1"透明像素的锁定。

(18) 单击菜单栏中的【滤镜】/【模糊】/【高斯模糊】命令，使礼花产生模糊效果，如图 12-52 所示。

图 12-51 渐变效果

图 12-52 模糊效果

(19) 用同样的方法，多制作几个形状不同的礼花，并填充为不同的渐变色，同时对大小、位置、礼花的不透明度以及模糊程度进行适当的调整，使之更加自然，效果如图 12-53 所示。

(20) 在【图层】面板中选择组成礼花的所有图层，按下 Ctrl+E 键合并图层，然后将其复制到"优惠卡.psd"图像窗口中，调整其位置和大小如图 12-54 所示。

图 12-53 礼花效果

图 12-54 调整礼花的大小和位置

(21) 在【图层】面板中创建一个新图层"图层 7"。

(22) 选择工具箱中的画笔工具，在工具选项栏中选择如图 12-55 所示的画笔。

(23) 在图像窗口中多次单击鼠标，绘制星星图案，并且随机改变画笔大小、不透明度等，使星星图案更自然，如图 12-56 所示。

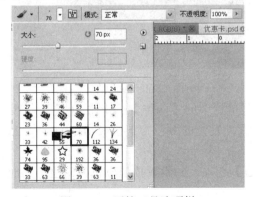
图 12-55 画笔工具选项栏

图 12-56 绘制的星星图案

(24) 单击【图层】面板下方的 ƒx 按钮，在弹出的菜单中选择【外发光】命令，打开【图层样式】对话框，设置各项参数如图 12-57 所示。

(25) 单击 确定 按钮，则星星产生了外发光效果，如图 12-58 所示。

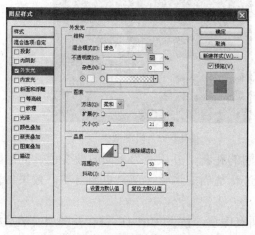

图 12-57 【图层样式】对话框   图 12-58 星星的外发光效果

任务四 调整图像和文字

(1) 单击菜单栏中的【文件】/【置入】命令，在打开的【置入】对话框中选择本书光盘"项目 12"文件夹中的"瑜伽妹妹.psd"文件。

(2) 单击 置入(P) 按钮，将其置入"优惠卡.psd"图像窗口中，并调整其大小和位置如图 12-59 所示，然后按下回车键确认操作。

(3) 选择工具箱中的横排文字工具 T，在画面中分别输入相关的文字信息，调整字号、位置，结果如图 12-60 所示。

图 12-59 置入的图像   图 12-60 输入的文字

(4) 选择"开业大优惠"文字图层，单击菜单栏中的【图层】/【图层样式】/【外发光】命令，在弹出的【图层样式】对话框中设置外发光的颜色为蓝色(CMYK：75，25，0，0)，其他参数设置如图 12-61 所示。

(5) 在【图层样式】对话框左侧选择【描边】选项，并设置描边颜色为白色，其他参数设置如图 12-62 所示。

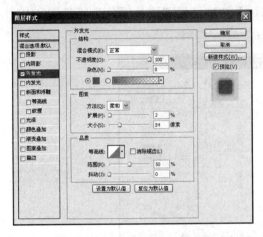 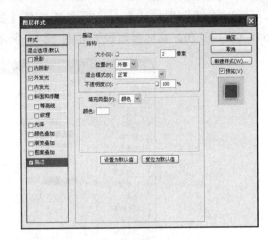

图 12-61 【图层样式】对话框 　　　　　　　图 12-62 【图层样式】对话框

(6) 单击 ⬚确定⬚ 按钮，则文字效果如图 12-63 所示。

图 12-63　文字效果

(7) 在【图层】面板中选择"朵朵瑜伽会所"文字图层，单击菜单栏中的【图层】/
【图层样式】/【斜面和浮雕】命令，在弹出的【图层样式】对话框中设置各项参数如图
12-64 所示。

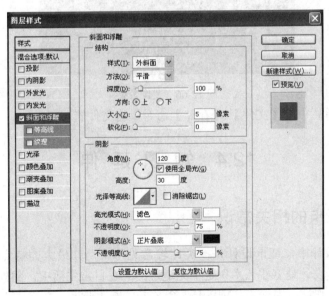

图 12-64　【图层样式】对话框

(8) 在【图层样式】对话框左侧选择【描边】选项，设置描边颜色为紫色(CMYK：64，94，0，0)，其他参数设置如图 12-65 所示。

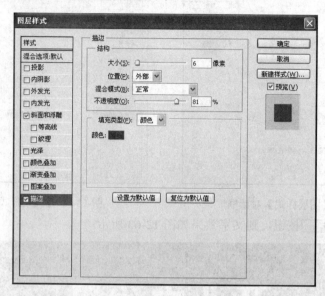

图 12-65 【图层样式】对话框

(9) 单击 确定 按钮，则最终的优惠卡效果如图 12-66 所示。

图 12-66 图像效果

(10) 单击菜单栏中的【文件】/【存储】命令，将文件储存起来。

12.4 知 识 延 伸

知识点一 证卡的相关常识

在平面广告设计中，证卡设计是一类比较常见形式，其最大的特点就是作品尺寸较小，因此说 "证卡设计是方寸艺术" 是不无道理的。在日常生活中，随处可见各式各样的证卡，如名片、工作证、银行卡、VIP 卡、会员卡、电话卡等。

证卡与其他的平面广告作品不一样，其作用是为了方便生活而设计，它虽然具有一定的广告作用，但是更强调人与人之间的交流与沟通。不同的证卡在生活中所起的作用是不同的，但是它们具有一些共同特点。

(1) 尺寸较小。证卡的尺寸是由其用途决定的，例如名片、银行卡、会员卡等，一般需要随身携带，所以尺寸较小，并且规格基本一致，通常为 85.5 mm×54 mm。

(2) 持续使用性。绝大多数证卡都具有持续使用的特点，比如，我们办理了银行卡，就会在一定的时间内持续使用它；同样，会员卡、工作证、名片等都具有持续使用的特点。这是它与其他广告作品的最大不同。

(3) 制作材料丰富。由于证卡的种类比较多，作用也各不相同，因此，制作材料丰富多样。例如，名片的制作材料就有很多种，除了各种各样的卡纸以外，还有 PET、PVC、金泊等；而银行卡、IC 卡等则采用磁性材料制作。

1. 常见证卡类型

当今社会生活中，证卡随处可见，但并没有规范的划分标准，这里我们仅根据其用途介绍一些常见的证卡类型。

名片类：名片的使用相当普遍，分类也比较多，是最常见的证卡之一，主要用于社交场合，便于自我介绍、联系与沟通，如图 12-67 所示。

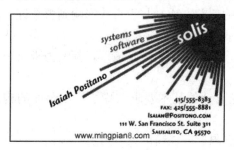 

图 12-67　名片

会员卡类：会员卡是一种现代消费形式，持卡人可以凭卡享受一定的优惠，这是商家的一种有效促销手段。会员卡也称为贵宾卡、VIP 卡、优惠卡、消费卡等，甚至根据优惠的程度分为金卡、银卡、普通卡等。这里我们将该类用于诱导客户再消费的证卡通称为会员卡，如图 12-68 所示。

图 12-68　会员卡

便民卡类：这里把便于百姓生活的各种证卡归为此类，如银行卡、乘车卡、医保卡、电话卡等，这类证卡的特点是可以充值或预存资费，直接用于消费，一般为 IC 卡、磁条卡、条码卡等形式，如图 12-69 所示。

图 12-69　便民卡

2. 证卡设计要点

证卡设计属于方寸艺术，尺寸虽小，但是内容并不少。一般情况下，证卡基本都包括标志、图案、文字三大构成要素。

1) 标志

绝大多数证卡中都会使用企业标志，一般情况下，企业标志由用户提供。在证卡设计中，标志要小而且统一，通常位于左上角，这符合视觉流程，容易第一时间注视到，达到瞬间识别的效果。

2) 图案

在证卡设计中，图案设计是一个非常重要的环节，成功与否直接影响到整个证卡的视觉效果。对于图案的选择与设计，应该考虑以下几个方面：

第一，图案应该与证卡的性质及行业有关，无论是颜色还是造型，都要力求反映行业特征。

第二，图案应该有个性，有吸引力，这是设计的基本要求，除了满足画面的构图需要，一定要有强烈的吸引力。

第三，图案不宜太复杂，毕竟证卡的尺寸有限，应以简洁大方为主。

3) 文字

在证卡设计中，文字主要包括主题、单位、地址、持卡人、使用说明、通信方式等，这些文字都属于必要文字，任何一位设计师都不能删减或更改。设计时主要从两个方面考虑：一是正确传递信息；二是作为构图元素。编排文字时，注意以下几点：

第一，主题文字与其他文字要主次分明，在字体、字号上有所区别。

第二，字体要规范，尽量少用字体，更不可用繁体字。

第三，当排列大量文字时，行距一定大于字距，使文字整齐清晰，文字大小一般在 6 pt～8 pt 之间，提高可读性。

4) 颜色

颜色的运用基本符合平面设计的规则，名片类的证卡不宜用太多的颜色，避免花哨繁复，而会员卡、便民卡之类则可以确定一种颜色为主调，然后进行适当的调和或对比即可，最好也不用复杂的颜色，这样设计出来的证卡才通透干净。

知识点二　滤镜的基本知识

在本书前面的项目中，已经使用过一些滤镜。滤镜是 Photoshop 的核心，作为一款专业的图像处理软件，Photoshop 的滤镜功能达到了出神入化的目的，任何一幅图像经过适当的滤镜处理，都会出现令人惊讶的神奇效果。Photoshop CS5 提供了 100 多个滤镜，使用它们可以更改图像的外观，创建丰富多彩的图像特效。

1. 认识【滤镜】菜单

【滤镜】菜单中共包括 13 类滤镜，100 多个滤镜命令，如图 12-70 所示为 Photoshop 的【滤镜】菜单。

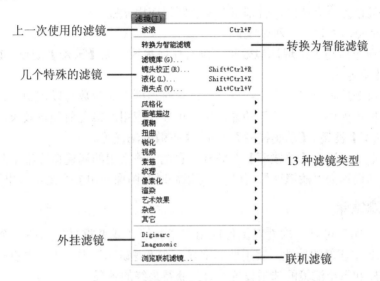

图 12-70　【滤镜】菜单

【滤镜】菜单主要包括六部分：

(1) 上一次使用的滤镜。当需要重复执行这个滤镜时，不需要再次打开滤镜对话框，直接选择这条命令就可以，也可以直接按下 Ctrl+F 键。

(2) 【转换为智能滤镜】命令。该命令的作用是将当前图层转换为智能对象图层，然后再使用滤镜，这样滤镜就不再破坏原图像，而产生类似蒙版的效果，如图 12-71 所示为应用智能滤镜后的【图层】面板。

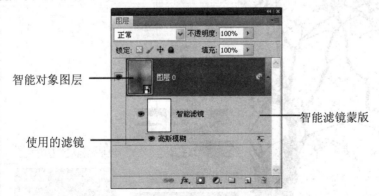

图 12-71　应用智能滤镜后的【图层】面板

(3) 几个特殊的滤镜。严格地说，它们不属于滤镜，而是一些用于完成特殊任务的实用工具。

(4) 13 种类型的滤镜，每一组滤镜都包含了若干滤镜命令。

(5) 外挂滤镜。当安装了第三方开发的滤镜以后，这里将出现外挂滤镜的名称。

(6) 联机滤镜。工作时可在线使用 Adobe 公司提供的一些滤镜。

2. 使用滤镜

滤镜既可以应用于整幅图像，也可以应用于局部图像。如果用户只需要对图像的一部分应用滤镜，应该先建立选区，否则将对整个图像应用滤镜。

使用滤镜命令时有以下三种情况：

一是执行命令后马上出现滤镜效果，没有任何参数，如【云彩】滤镜、【彩块化】滤镜、【模糊】滤镜等。

二是执行命令后将出现一个对话框，通过该对话框中的参数可以控制滤镜的效果。另外，有些对话框还提供了"预览"功能，用户可以在应用滤镜之前预览效果，如【彩色半调】滤镜、【切变】滤镜、【动感模糊】滤镜、【扩散】滤镜等。

三是执行命令后进入【滤镜库】对话框，它把一些常用的滤镜命令集中到了一个对话框中，这个对话框称为"滤镜库"，使用它可以同时对图像应用多个滤镜效果。

3. 认识滤镜库

使用"滤镜库"可以一次性对图像应用多个滤镜，或者重复使用同一个滤镜，这是 Photoshop CS 版本新增的功能，实用性非常强。在"滤镜库"中，用户可以随时调整应用滤镜的先后顺序和每个滤镜的选项设置，直到获得最终的效果。

"滤镜库"中并没有包含所有的滤镜命令，只是一些常用的滤镜。单击菜单栏中的【滤镜】/【滤镜库】命令，可以打开【滤镜库】对话框，该对话框的标题栏上显示的是当前滤镜命令，而非"滤镜库"，这一点读者要注意，如图 12-72 所示。

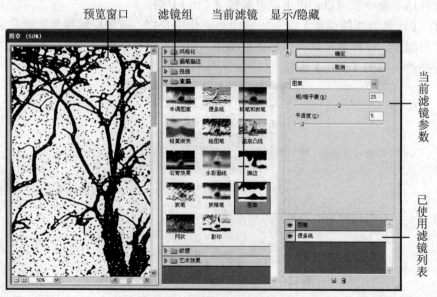

图 12-72 【滤镜库】对话框

在【滤镜库】对话框中，单击"滤镜组"名称前的三角形按钮▶，可以显示该分类中所有滤镜命令的缩览图，单击任意一个滤镜命令的缩览图，预览窗口中将显示该滤镜的应用效果，对话框的右侧将显示该滤镜的参数。

单击❖按钮，可以隐藏(或显示)对话框中间部分的滤镜类型和滤镜命令的缩览图；单击"预览窗口"底部的放大按钮➕和缩小按钮➖，可以改变预览窗口的显示比例。

对话框右下角的"已使用滤镜列表"中显示了对当前图像应用的所有滤镜。单击列表下方的▣按钮，可以添加并应用新滤镜；在列表中选择一个滤镜后单击🖮按钮，可以从列表中删除该滤镜。另外，在"已使用滤镜列表"中拖曳滤镜命令到相应的位置，可以很方便地改变应用滤镜的先后顺序。

4. 使用滤镜对话框

前面我们已经讲过，"滤镜库"中并没有包含所有的滤镜命令，所以，还有一些滤镜是通过对话框来控制参数和预览效果的。如图 12-73 所示为【球面化】对话框，这类对话框主要分成了两部分，一是预览窗口，二是参数区。在预览窗口中可以实时观察滤镜效果，单击预览窗口下面的放大按钮➕和缩小按钮➖，可以改变预览窗口的显示比例。参数区主要用于调整滤镜参数，调整了滤镜参数之后，预览窗口中马上显示滤镜效果。

另外，还有一种常见的对话框是由几个单选按钮和复选框组成的，如图 12-74 所示为【拼贴】对话框。这类对话框不提供预览功能，所以使用这类滤镜时，参数的设置依赖于工作经验的积累。

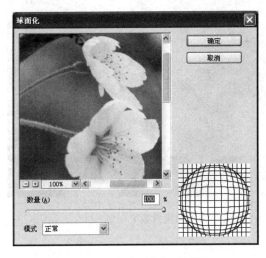

图 12-73 【球面化】对话框   图 12-74 【拼贴】对话框

知识点三　【风】滤镜

【风】滤镜位于【风格化】滤镜组中，这是一个比较常用的滤镜命令，它可以在图像中创建细小的水平线，模拟刮风的动感效果。创建火焰效果时一般都要使用该滤镜。

打开一幅图像，然后单击菜单栏中的【滤镜】/【风格化】/【风】命令，则弹出【风】对话框，如图 12-75 所示。

图 12-75　打开的图像与【风】对话框

　　在【风】对话框中，【方法】选项组中包括了"风"、"大风"和"飓风"三种不同类型的风，当选择不同的选项时，图像的刮风效果是不同的，"风"比较细腻一些，而"飓风"比较粗糙一些。在【方向】选项组中包括了"从左"和"从右"两种风向。如图 12-76 所示分别是"风"、"大风"和"飓风"效果。

图 12-76　"风"、"大风"和"飓风"效果

知识点四　【高斯模糊】滤镜

　　这是使用频率最高的一个滤镜，在前面的几个项目中有过多次运用。【高斯模糊】滤镜位于【模糊】滤镜组中，它可以快速模糊选区中的图像，使图像产生一种朦胧的效果。

　　打开一幅图像，然后单击菜单栏中的【滤镜】/【模糊】/【高斯模糊】命令，打开【高斯模糊】对话框，如图 12-77 所示。

　　图像模糊的程度与【半径】大小有关，半径值越大，模糊越厉害；半径值越小，模糊越轻微。如图 12-78 是【半径】值分别为 5、25、50 的图像效果。

图 12-77 打开的图像与【高斯模糊】对话框

图 12-78 不同半径值的模糊效果

知识点五 【极坐标】滤镜

【极坐标】滤镜位于【扭曲】滤镜组中，它可以将图像从平面坐标转换到极坐标，或从极坐标转换为平面坐标。打开一幅图像，然后单击菜单栏中的【滤镜】/【扭曲】/【极坐标】命令，则弹出【极坐标】对话框，如图 12-79 所示。

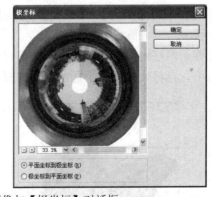

图 12-79 打开的图像与【极坐标】对话框

【极坐标】对话框中有两个选项，对于一幅正常的图像而言，当选择【平面坐标到极坐标】时，图像将变成圆形；当选择【极坐标到平面坐标】时，图像将变成波浪形，如图 12-80 所示。

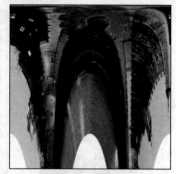

图 12-80　两种不同的极坐标效果

【极坐标】滤镜的使用很简单，经常用于创建特殊的摄影效果，或者创建环形文字。不过这里有一个小技巧，如果想让图像应用【极坐标】滤镜以后恰好出现圆形，应该先创建正方形选区，或者将画布大小调整为正方形。

知识点六　变形操作

Photoshop 在变形操作方面的功能越来越强大，除了 5 种经典的变换(参见项目 01 中的介绍)外，还增了一个【变形】命令，类似于 Illustrator 中的网格变形工具，它可以让图像任意变形，如图 12-81 所示。

自由变换 (F)	Ctrl+T		
变换	▶	再次 (A)	Shift+Ctrl+T
自动对齐图层…			
自动混合图层…		缩放 (S)	
		旋转 (R)	
定义画笔预设 (B)…		斜切 (K)	
定义图案…		扭曲 (D)	
定义自定形状…		透视 (P)	
		变形 (W)	
清理 (R)	▶		
		旋转 180 度 (1)	
Adobe PDF 预设…		旋转 90 度 (顺时针)(9)	
预设管理器 (M)…		旋转 90 度 (逆时针)(0)	
颜色设置 (G)…	Shift+Ctrl+K		
指定配置文件…		水平翻转 (H)	
转换为配置文件 (V)		垂直翻转 (V)	

图 12-81　【变形】命令

单击菜单栏中的【编辑】/【变换】/【变形】命令以后，图像的四周将出现网格，如图 12-82 所示。

将光标置于网格内部，拖动鼠标，图像可以在网格内部发生变形，如图 12-83 所示，操作非常自由。当将光标置于不同的网格内时，变形的效果也不同。

图 12-82　变形网格　　　　　图 12-83　在网格内部拖动

将光标放置在网格的任意一个角端，拖动鼠标，图像将沿着拖动的方向发生变形，如图 12-84 所示。另外，每一个角端都有两个控制杆，可以更加有效地调整图像的变形效果，如图 12-85 所示。

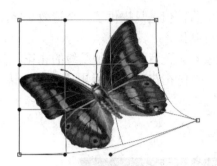

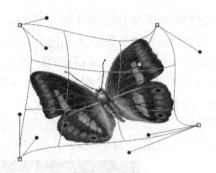

図 12-84　拖动右下角　　　　　　　図 12-85　各角的控制杆

Photoshop CS5 对变形操作还有进一步的增强，即增加了【操控变形】命令，这个变形命令的可操作性更强，它可以在图像中固定一些点不动，而另一些点移动，从而有效地控制图像的变形。单击菜单栏中的【编辑】/【操控变形】命令，图像就会出现控制网格，但是这些网格都是三角形的，如图 12-86 所示。这时在网格中单击鼠标，可以添加一个固定点，也称为图钉，如图 12-87 所示。

図 12-86　控制网格　　　　　　　図 12-87　添加了一个图钉

添加了图钉以后，在网格上拖动鼠标，则图像中又生成一个图钉，但是它可以绕第一个图钉旋转，如图 12-88 是转动后的图像。再次在网格中拖动鼠标，则又生成第三个图钉，此时前两个图钉不动，第三个图钉旋转时受前两个图钉的牵制，如图 12-89 所示。

図 12-88　添加第二个图钉并旋转　　　図 12-89　添加第三个图钉并旋转

12.5 项目实训

　　朵朵百货商场开业需要设计制作一个报纸广告，但是只提供了一个特效文字，没有与商场相关的其他的图片，请在此基础上完成项目制作。

　　任务分析： 在完成该项目实训时，可以直接在黑色背景上添加缤纷的礼花，营造神秘与欢庆的气氛，使人产生"想知道"的欲望。制作礼花时可以运用【风】滤镜、【极坐标】滤镜、艺术画笔等技术。

　　任务素材：

　　光盘位置：光盘\项目 12\实训。

　　参考效果：

　　光盘位置：光盘\项目 12\实训。

中文版 Photoshop CS5 工作过程导向标准教程..................................

设计制作 MOVE 户外广告

13.1　项　目　说　明

MOVE 是一家大型的通信公司，近期要设计一个户外媒体的广告牌，悬挂在马路两边，用于提高公司知名度和认知度。设计要求：简洁醒目、彰显个性、突出主题，尺寸为100 cm×100 cm。

13.2　项　目　分　析

由于 MOVE 是一家通信公司，发展迅速，覆盖面广，所以在创意设计时，要重点抓住这样几个关键词：网络、辐射、让世界变小。户外广告一般都是喷绘输出，所以要注意以下问题：

第一，喷绘图像的尺寸大小与实际画面相同即可，不需要预留出血位，喷绘公司一般会在输出画面时留出 10 cm 的白边用于打扣眼。

第二，图像的分辨率使用 72 ppi 即可，如果作品尺寸非常大，可以将分辨率降低到30 ppi 或 40 ppi。

第三，喷绘图像中严禁使用单色黑，即 CMYK 值为(0，0，0，100)，必须添加 C、M、Y 色值，组成混合黑，如大黑的 CMYK 值为(50，50，50，100)。

13.3　项　目　实　施

下面根据项目说明与项目分析来完成该项目的制作，主要学习 Photoshop 基本操作与滤镜的使用方法，完成后的参考效果如图 13-1 所示。

图 13-1　MOVE 户外广告参考效果

任务一　背景的处理

(1) 启动 Photoshop 软件。

(2) 单击菜单栏中的【文件】/【新建】命令，在弹出的【新建】对话框中设置参数如图 13-2 所示。

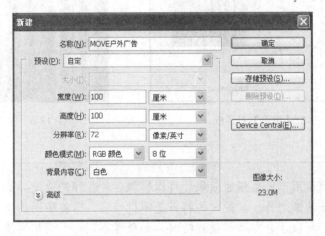

图 13-2　【新建】对话框

(3) 单击 确定 按钮，创建一个新文件。

(4) 设置前景色为黑色，背景色为白色。

(5) 选择工具箱中的渐变工具 ，在工具选项栏中选择"前景色到背景色渐变"，设置渐变类型为"线性"，如图 13-3 所示。

(6) 在图像窗口中按住 Shift 键由下向上拖曳鼠标，填充线性渐变色，效果如图 13-4 所示。

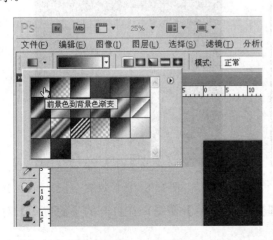

图 13-3　渐变工具选项栏　　　　　　　　　　图 13-4　渐变效果

(7) 单击菜单栏中的【滤镜】/【扭曲】/【波浪】命令，在弹出的【波浪】对话框中设置参数如图 13-5 所示。

(8) 单击 确定 按钮，则图像产生波浪效果，如图 13-6 所示。

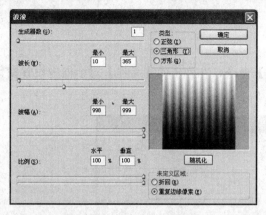

图 13-5 【波浪】对话框

图 13-6 波浪效果

指点迷津

　　【波浪】滤镜用于产生扭曲效果，可以模拟各种各样的波浪，除了能够产生正弦波、方波、三角波之外，其最大的特点是随机性强，即使相同的参数，出现的效果也可能不同。所以读者在操作该滤镜时，如果得不到与上图相同的效果，可以反复单击 随机化 按钮，直至满意为止。

(9) 单击菜单栏中的【滤镜】/【扭曲】/【极坐标】命令，打开【极坐标】对话框。选择从【平面坐标到极坐标】选项，如图 13-7 所示。

(10) 单击 确定 按钮，则图像效果如图 13-8 所示。

图 13-7 【极坐标】对话框

图 13-8 图像效果

(11) 单击菜单栏中的【滤镜】/【纹理】/【龟裂缝】命令，在打开的【滤镜库】对话框中设置参数如图 13-9 所示。

(12) 单击 确定 按钮，则图像效果如图 13-10 所示。

(13) 单击菜单栏中的【图像】/【调整】/【色相/饱和度】命令，打开【色相/饱和度】对话框，设置参数如图 13-11 所示。

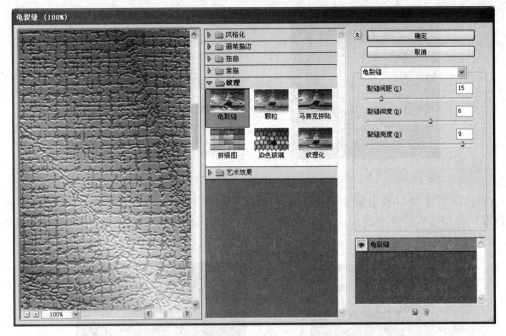

图 13-9 【滤镜库】对话框

图 13-10 图像效果

图 13-11 【色相/饱和度】对话框

指点迷津

　　【色相/饱和度】命令的使用比较频繁，主要用于改变图像的颜色，它是基于视觉而建立的一种颜色模式。其中【着色】选项可以用来创建单色调图像，但是使用该选项时要注意：纯白与纯黑是不能着色的。

　　(14) 单击 确定 按钮，则调整后的图像效果如图 13-12 所示。

　　(15) 在【图层】面板中创建一个新图层"图层 1"。

　　(16) 选择工具箱中的渐变工具，在工具选项栏中选择"色谱"渐变，设置渐变类型为"线性"，如图 13-13 所示。

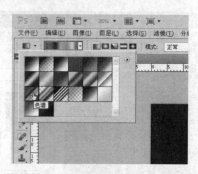

图 13-12 调整后的图像效果　　　　　图 13-13 渐变工具选项栏

(17) 在图像窗口中由右下方向左上方拖曳鼠标，填充渐变色，然后在【图层】面板中设置"图层 1"的混合模式为"正片叠底"，如图 13-14 所示，则调整后的图像效果如图 13-15 所示。

图 13-14 【图层】面板　　　　　　图 13-15 图像效果

(18) 在【图层】面板中创建一个新图层"图层 2"。

(19) 设置前景色为白色，背景色为黑色。选择工具箱中的渐变工具▆，在工具选项栏中选择"前景色到背景色渐变"，设置渐变类型为"径向"，然后在图像窗口中由中间水平向右拖动鼠标，填充渐变色，效果如图 13-16 所示。

(20) 单击菜单栏中的【滤镜】/【像素化】/【晶格化】命令，在弹出的【晶格化】对话框中设置参数如图 13-17 所示。

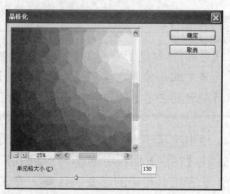

图 13-16 渐变效果　　　　　　　图 13-17 【晶格化】对话框

(21) 单击 确定 按钮，则晶格化后的图像效果如图 13-18 所示。

(22) 在【图层】面板中设置"图层 2"的混合模式为"滤色"，【不透明度】值为 45%，如图 13-19 所示。

图 13-18　图像效果

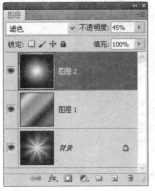

图 13-19　【图层】面板

(23) 单击菜单栏中的【滤镜】/【艺术效果】/【绘画涂抹】命令，在弹出的【滤镜库】对话框中设置参数如图 13-20 所示。

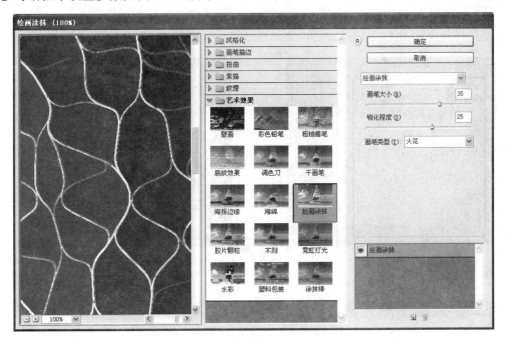

图 13-20　【滤镜库】对话框

指点迷津

　　【绘画涂抹】滤镜可以模拟画笔涂抹效果，配合其他滤镜巧妙运用，也可以产生另类的艺术效果。例如本例中使用该滤镜生成了一个不规则的网状图案，这种图案可以模拟铁丝网、蜻蜓翅膀、艺术线条等纹理。

(24) 单击 确定 按钮，则图像效果如图 13-21 所示。

(25) 在【图层】面板中创建一个新图层"图层 3",将该层调整到"图层 1"的下方,如图 13-22 所示。

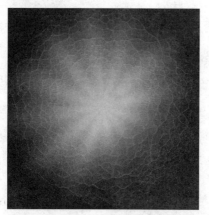

图 13-21　图像效果

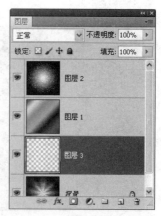

图 13-22　【图层】面板

(26) 选择工具箱中的椭圆选框工具 ○,在工具选项栏中设置【羽化】值为 200 px,在图像窗口的中间位置创建一个圆形选区,如图 13-23 所示。

(27) 设置前景色为白色,按下 Alt+Delete 键填充前景色,然后按下 Ctrl+D 键取消选区,则图像效果如图 13-24 所示。

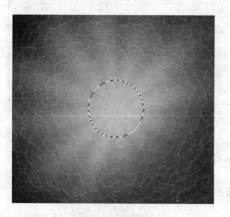

图 13-23　创建的选区

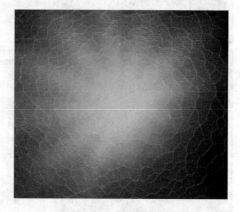

图 13-24　图像效果

任务二　处理图形元素

前面完成了背景的制作,接下来对图形元素进行处理。通过【极坐标】滤镜对一幅城市风景图片进行处理,使之形成环绕状,然后再调入地球图片,使城市建筑环绕在地球的周围。

(1) 单击菜单栏中的【文件】/【打开】命令,打开本书光盘"项目 13"文件夹中的"城市图片.jpg"文件,将其复制到"MOVE 户外广告.psd"图像窗口中,此时【图层】面板中产生"图层 4"。

(2) 按下 Ctrl+T 键,调整图片的大小和位置如图 13-25 所示。

(3) 单击菜单栏中的【图像】/【图像旋转】/【180 度】命令，将图像旋转 180°，如图 13-26 所示。

图 13-25　调整图片的大小和位置　　　　　图 13-26　旋转后的图像

(4) 单击菜单栏中的【滤镜】/【扭曲】/【极坐标】命令，在弹出的【极坐标】对话框中设置参数如图 13-27 所示。

(5) 单击 ▭ 确定 按钮，则图像效果如图 13-28 所示。

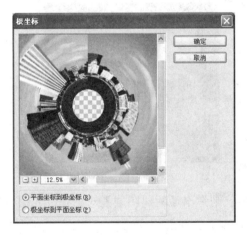

图 13-27　【极坐标】对话框　　　　　　　图 13-28　图像效果

指点迷津

　　在使用【极坐标】滤镜处理上面的城市风景图片时，图片的上边缘一定要与图像窗口的上边缘留有一定的距离，而下边缘对齐图像窗口的下边缘；否则，应用【极坐标】滤镜以后，中间不会出现空心圆孔。

(6) 在【图层】面板下方单击 ▭ 按钮，为城市图像所在的"图层 4"添加图层蒙版，如图 13-29 所示。

(7) 设置前景色为黑色，选择工具箱中的画笔工具 ✎，在工具选项栏中设置参数如图 13-30 所示。

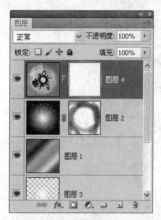

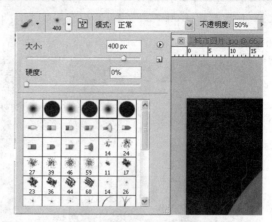

图 13-29 【图层】面板　　　　　　　　图 13-30 画笔工具选项栏

(8) 在图像窗口中沿着城市图片的天空部分反复拖动鼠标，编辑蒙版，从而隐藏掉天空，效果如图 13-31 所示。

(9) 打开本书光盘"项目 13"文件夹中的"地球.psd"文件，将其中的地球图像复制到"MOVE 户外广告.psd"图像窗口中，则【图层】面板中产生"图层 5"，调整地球图像的大小和位置如图 13-32 所示，然后按下回车键确认变换操作。

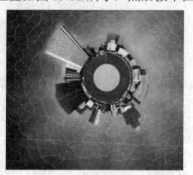

图 13-31 图像效果　　　　　　　　图 13-32 调整地球图像的大小和位置

(10) 在【图层】面板中双击"背景"图层，则弹出【新建图层】对话框，如图 13-33 所示。

图 13-33 【新建图层】对话框

(11) 单击 确定 按钮，将"背景"图层转换为普通图层，名称为"图层 0"，然后创建一个新图层"图层 6"，将该层调整到"图层 0"的下方，如图 13-34 所示。

(12) 设置前景色为黑色，按下 Alt+Delete 键填充前景色。然后选择除"图层 6"以外的所有图层，将图像同时向下移动，则效果如图 13-35 所示。

图 13-34 【图层】面板

图 13-35 图像效果

任务三 文字的调整

(1) 选择工具箱中的横排文字工具 T，在画面中输入文字"MOVE"，并调整字体与大小，效果如图 13-36 所示，则【图层】面板中产生"MOVE"文字图层。

(2) 在【图层】面板中的"MOVE"文字图层上单击鼠标右键，在弹出的快捷菜单中选择【栅格化文字】命令，将文字栅格化，则文字图层转换成普通图层。

指点迷津

在 Photoshop 中输入文字时会自动产生一个图层，如果要将文字当作图形进行处理，必须栅格化文字图层，这时的文字才具有图形的属性。

(3) 按住 Ctrl 键在【图层】面板中单击"MOVE"图层，则选择了文字，如图 13-37 所示。

图 13-36 输入的文字

图 13-37 选择文字图像

(4) 单击菜单栏中的【选择】/【修改】/【收缩】命令，在弹出的【收缩选区】对话框中设置参数如图 13-38 所示。

(5) 单击 [确定] 按钮，收缩后的选区效果如图 13-39 所示。

图 13-38 【收缩选区】对话框

图 13-39 收缩选区

(6) 按下 Delete 键删除选区内的图像，然后按下 Ctrl+D 键取消选区，则图像效果如图 13-40 所示。

(7) 单击菜单栏中的【图像】/【图像旋转】/【90 度(顺时针)】命令，将文字顺时针旋转 90°，效果如图 13-41 所示。

图 13-40 图像效果

图 13-41 旋转效果

(8) 单击菜单栏中的【滤镜】/【风格化】/【风】命令，在弹出的【风】对话框中设置参数如图 13-42 所示。

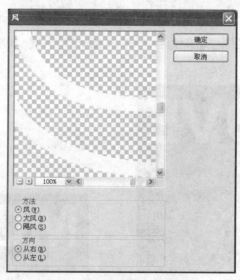

图 13-42 【风】对话框

(9) 单击 [确定] 按钮，则文字产生风效果。

(10) 多次按下 Ctrl+F 键，重复执行【风】命令，则文字效果如图 13-43 所示。

图 13-43　文字效果

(11) 再次单击菜单栏中的【滤镜】/【风格化】/【风】命令，在弹出的【风】对话框中设置参数如图 13-44 所示。

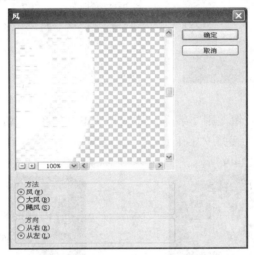

图 13-44　【风】对话框

(12) 单击 确定 按钮，则文字产生风效果，接着多次按下 Ctrl+F 键，重复执行【风】命令，则其效果如图 13-45 所示。

图 13-45　文字效果

(13) 单击菜单栏中的【图像】/【图像旋转】/【90 度(逆时针)】命令，将文字逆时针旋转 90°，效果如图 13-46 所示。

(14) 在【图层】面板中单击 _fx._ 按钮，在弹出的菜单中选择【外发光】命令，打开【图层样式】对话框，设置外发光的颜色为紫色(CMYK：13，96，16，0)，其他参数设置如图 13-47 所示。

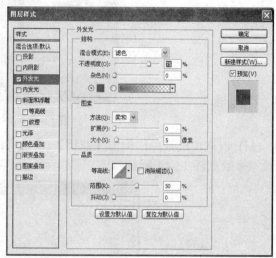

图 13-46　图像效果　　　　　　　　　　　图 13-47　【图层样式】对话框

(15) 单击 确定 按钮，则文字产生外发光效果，如图 13-48 所示。

(16) 选择工具箱中的横排文字工具 T，在画面中输入文字"让世界变小"，然后调整大小与位置，效果如图 13-49 所示。

图 13-48　文字效果　　　　　　　　　　　图 13-49　输入文字后的效果

(17) 在【图层】面板中选择"图层 2"为当前图层，单击面板下方的 按钮，为其添加图层蒙版。

(18) 设置前景色为黑色，选择工具箱中的画笔工具 ，在工具选项栏中设置参数如图 13-50 所示。

图 13-50　画笔工具选项栏

(19) 在图像窗口中拖动鼠标，将"图层 2"中的纹理擦掉一部分，效果如图 13-51 所示。

(20) 在【图层】面板中选择"图层 0"为当前图层。

(21) 单击菜单栏中的【滤镜】/【模糊】/【高斯模糊】命令，在弹出的【高斯模糊】对话框中设置参数如图 13-52 所示。

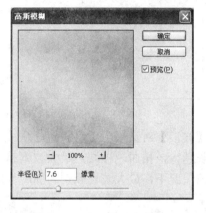

图 13-51　擦除后的效果　　　　　　图 13-52　【高斯模糊】对话框

(22) 单击 确定 按钮，则图像产生模糊，最终的图像效果如图 13-53 所示。

图 13-53　图像效果

(23) 单击菜单栏中的【文件】/【存储】命令，将文件储存起来。

13.4　知　识　延　伸

知识点一　【波浪】滤镜

【波浪】滤镜位于【扭曲】滤镜组中，它的作用是扭曲图像，它可以在图像上创建随机间隔的图案，模仿水面上起伏的波纹效果。

打开一幅图像，单击菜单栏中的【滤镜】/【扭曲】/【波浪】命令，可以打开【波浪】对话框，如图 13-54 所示。

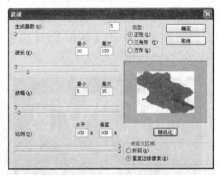

图 13-54　打开的图像与【波浪】对话框

在【波浪】对话框中可以设置【生成器数】、【波长】、【波幅】、【比例】等参数。其中最大波长越大，扭曲越轻微；最大波幅越大，扭曲越剧烈。图 13-55 所示是在其他参数保持不变的情况下，最大波长分别为 50、500、1000 时的扭曲效果。

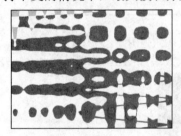

图 13-55　不同波长下的扭曲效果

在该对话框中还提供了三种波形，分别为【正弦】、【三角形】和【方形】，相同的参数、不同的波形，图像的扭曲效果也不相同。图 13-56 所示分别是正弦、三角形和方形三种扭曲效果。

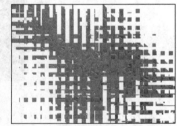

图 13-56　相同参数不同波形的扭曲效果

另外，单击预览窗口下方的 随机化 按钮，可以得到随机的选项设置，从而使图像的扭曲也是随机的。

知识点二　【龟裂缝】滤镜

【龟裂缝】滤镜位于【纹理】滤镜组中，这组滤镜可以为图像添加纹理。【龟裂缝】滤镜可以在图像中沿着图像的轮廓生成裂纹纹理，从而产生凹凸不平的效果。

打开一幅图像，然后单击菜单栏中的【滤镜】/【纹理】/【龟裂缝】命令，则打开【滤镜库】对话框，显示该滤镜的相关参数，如图 13-57 所示。

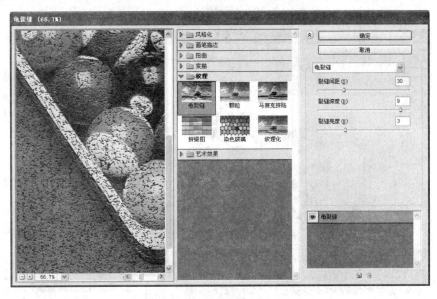

图 13-57 【滤镜库】对话框

其中【裂缝间距】用于调整图像中裂缝纹理的间距；【裂缝深度】用于调整裂缝纹的深度；【裂缝亮度】用于调整裂痕的亮度。

知识点三　【晶格化】滤镜

【晶格化】滤镜位于【像素化】滤镜组中，它可以将图像中的像素结块为纯色的多边形，其中【单元格大小】用于设置图像中随机分布的晶格大小，如图 13-58 所示。

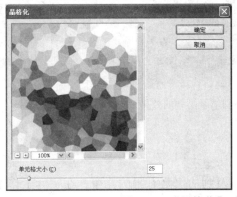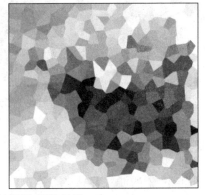

图 13-58 【晶格化】对话框与图像效果

知识点四　【绘画涂抹】滤镜

【绘画涂抹】滤镜位于【艺术效果】滤镜组中，这组滤镜主要用于将摄影图像转变为传统介质上的绘画效果，该组滤镜能应用于 RGB 模式和多通道模式。

【绘画涂抹】滤镜可以选择各种大小和类型的画笔来创建绘画效果。打开一幅图像，然后单击菜单栏中的【滤镜】/【艺术效果】/【绘画涂抹】命令，这时将打开【滤镜库】对话框，显示该滤镜的相关参数，如图 13-59 所示。

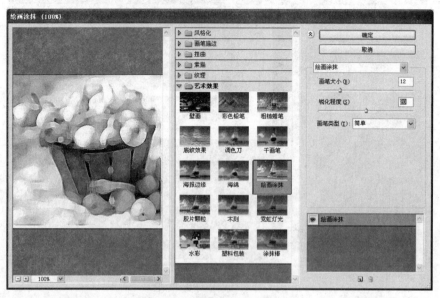

图 13-59 【滤镜库】对话框

在该对话框中，【画笔大小】用于调节涂抹工具的尺寸；【锐化程度】用于调节涂抹笔触的精细程度；【画笔类型】用于选择笔触的类型，不同的类型，图像效果完全不一样。图 13-60 所示分别为"简单"、"未处理深色"和"火花"类型的图像效果。

 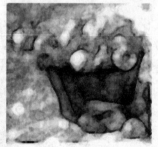 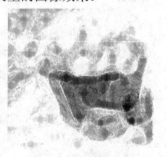

图 13-60 不同笔触类型的效果

知识点五 其他常用滤镜

Photoshop 中的滤镜非常多，本书中涉及到的仅是有限的几个，在实际工作中，还会用到滤镜，下面介绍一些比较常用的滤镜。

1. 【径向模糊】滤镜

【径向模糊】滤镜可以模拟前后移动相机或旋转相机时产生的模糊效果，是一种柔化的模糊。打开一幅图像，然后单击菜单栏中的【滤镜】/【模糊】/【径向模糊】命令，则弹出【径向模糊】对话框，如图 13-61 所示。

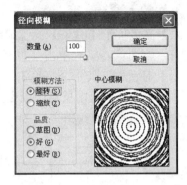

图 13-61　打开的图像与【径向模糊】对话框

　　在【径向模糊】对话框中可以选择【旋转】和【缩放】两种模糊方法。选择【旋转】选项时，图像沿同心圆环线模糊；选择【缩放】选项时，图像沿径向线模糊，如图 13-62 所示。另外，在中心模糊下方的预览框中拖动鼠标，可以改变模糊的原点。

图 13-62　【旋转】和【缩放】模糊方法

2. 【马赛克】滤镜

　　【马赛克】滤镜位于【像素化】滤镜组中，它可以将图像中的像素形成方块，每个方块内的颜色都相同。打开一幅图像，然后单击菜单栏中的【滤镜】/【像素化】/【马赛克】命令，打开【马赛克】对话框，其中【单元格大小】用于设置马赛克的大小，如图 13-63 所示是应用【马赛克】滤镜的效果对比。

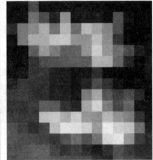

图 13-63　马赛克效果对比

3. 【镜头光晕】滤镜

【镜头光晕】滤镜位于【渲染】滤镜组中，它可以模拟阳光照到相机镜头上所产生的眩光效果。打开一幅图像，然后单击菜单栏中的【滤镜】/【渲染】/【镜头光晕】命令，打开【镜头光晕】对话框，其中【亮度】用于设置光线的照射强度；【镜头类型】用于设置镜头的类型；在预览框中单击鼠标可以设置光源的位置，如图 13-64 所示。

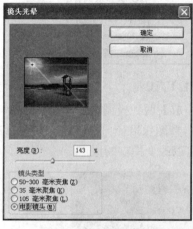

图 13-64 【镜头光晕】对话框及应用该滤镜后的图像效果

4. 【彩色半调】滤镜

【彩色半调】滤镜位于【像素化】滤镜组中，它可以在图像的每个通道上添加半调网屏，从而获得彩色的半调印刷的效果。在图像设计中，经常用来制作布尔卡点图案。

打开一幅图像，然后单击菜单栏中的【滤镜】/【像素化】/【彩色半调】命令，则打开【彩色半调】对话框，如图 13-65 所示。

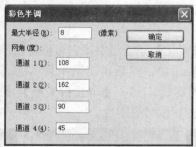

图 13-65 彩色半调效果的前后对比

在【彩色半调】对话框中，【最大半径】选项的取值范围为 4～127；【网角】是指网点与水平方向形成的平角，根据图像的颜色模式不同，【网角】的选项也不一样。灰度图像只有"通道 1"；RGB 图像有"通道 1"、"通道 2"和"通道 3"；CMYK 图像则有"通道 1"、"通道 2"、"通道 3"和"通道 4"。【网角】值不同，创建的半调网屏效果也不同。

5. 【纹理化】滤镜

【纹理化】滤镜位于【纹理】滤镜组中，它可以在图像上应用预设的或者自己创建的纹理，从而使图像具有一定的质感。

打开一幅图像，然后单击菜单栏中的【滤镜】/【纹理】/【纹理化】命令，则打开【滤镜库】对话框，其中【纹理】用于选择不同的纹理类型；【缩放】用于调整纹理的比例大小；【凸现】用于调节纹理的突出程度；【光照】用于设置光线的照射方向，如图 13-66 所示。

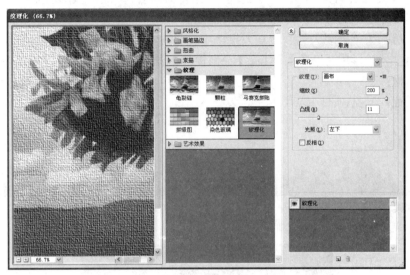

图 13-66　【滤镜库】对话框

6.【木刻】滤镜

【木刻】滤镜位于【艺术效果】滤镜组中，它可以使图像产生粗糙的剪纸效果，同时产生色调分离。

打开一幅图像，然后单击菜单栏中的【滤镜】/【艺术效果】/【木刻】命令，则打开【滤镜库】对话框，其中【色阶数】用于控制色调分层数；【边缘简化度】用于控制图像的简化程度；【边缘逼真度】用于控制产生图像线条的精确程度，如图 13-67 所示。

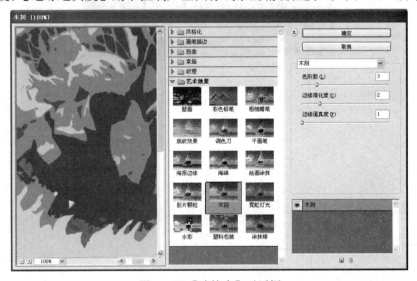

图 13-67　【滤镜库】对话框

13.5 项目实训

南亚建筑装饰公司是一家专业从事室内外装饰的公司，近期计划印制一批企业宣传册，请为其设计一款封面，尺寸为 28 cm×28 cm。

任务分析：为了表现大气、美观效果，本项目可以采用灰色为主调，构图上以大面积留白来突出主体，运用【杂色】滤镜、【径向模糊】滤镜来增强质感与视觉效果。

任务素材：

光盘位置：光盘\项目 13\实训。

参考效果：

光盘位置：光盘\项目 13\实训。